AF597716

André R. Probst
Dieter Wenger

Elektronische Kundenintegration

Business Computing

Bücher und neue Medien aus der Reihe Business Computing verknüpfen aktuelles Wissen aus der Informationstechnologie mit Fragestellungen aus dem Management. Sie richten sich insbesondere an IT-Verantwortliche in Unternehmen und Organisationen sowie an Berater und IT-Dozenten.

In der Reihe sind bisher erschienen:

SAP, Arbeit, Management
von AFOS

Steigerung der Performance von Informatikprozessen
von Martin Brogli

Netzwerkpraxis mit Novell NetWare
von Norbert Heesel und Werner Reichstein

Arbeit in der modernen Kommunikationsgesellschaft
von Marie-Theres Tinnefeld et al.

Professionelles Datenbank-Design mit ACCESS
von Ernst Tiemeyer und Klemens Konopasek

Qualitätssoftware durch Kundenorientierung
von Georg Herzwurm, Sixten Schockert und Werner Mellis

Modernes Projektmanagement
von Erik Wischnewski

Business im Internet
von Frank Lampe

Projektmanagement für das Bauwesen
von Erik Wischnewski

Projektmanagement interaktiv
von Gerda M. Süß und Dieter Eschlbeck

Projektkompass SAP®
von AFOS und Andreas Blume

Elektronische Kundenintegration
von André R. Probst und Dieter Wenger

Vieweg

André R. Probst
Dieter Wenger

Elektronische Kundenintegration

Marketing, Beratung & Verkauf, Support und Kommunikation

Softcover reprint of the hardcover 1st edition 1998

Der Verlag Vieweg ist ein Unternehmen der Bertelsmann Fachinformation GmbH.

http://www.vieweg.de

ISBN-13: 978-3-322-89890-6 e-ISBN-13: 978-3-322-89889-0
DOI: 10.1007/978-3-322-89889-0

Vorwort

Mit diesem Buch setzten wir uns zum Ziel, das Potential der elektronischen Kundenbeziehung, deren Nutzen und ihre Implementation aufzuzeigen.

Das Resultat – die elektronische Kundenintegration (EKI ... Elektronische KundenIntegration) – ist eine Synthese von Geschäfts- und Technologie-Kompetenzen, getrieben von heutigen Geschäftsimperativen, technologischen Trends und der verfügbaren Technologie.

Das Ziel der EKI ist das Erreichen einer engen, intensiven Kundenbeziehung und damit einer starken Kundenbindung.

Charakteristisch für die hier vorgestellte elektronische Kundenintegration sind das Verstehen des Kunden auf der elektronischen Ebene, das proaktive Zugehen auf den Kunden, indem ihm das Suchen abgenommen wird, und die Integration des persönlichen und elektronischen Kundenbeziehungskanales.

Dieses Buch ist das Resultat einer Anzahl praktischer Entwicklungen zusammen mit kleinen, mittleren und grossen Unternehmen. Wir möchten all den Leuten in diesen Firmen für ihr Engagement und ihre zukunftsweisende Einstellung danken. Speziell möchten wir die Firmen Coop, 'Der Fonds' und 'the blue window' hervorheben.

Ebenso sind wir Personen von und aus dem Umfeld der Firma AAA-Sim AG zu Dank verpflichtet. Namentlich möchten wir Susanne Fromme, Susan Hottiger, Elisabeth Kampshoff, Verena Wanner, Michael Brunner und Steve Hottiger erwähnen.

Diese Art von Bücher, die sich speziell an eine Leserschaft aus der Praxis richtet, sollte zu einem Dialog führen. Wir würden es sehr begrüssen und freuen uns auf Diskussionen über spezifische Gesichtspunkte und den Austausch von Erfahrungen. Unsere Adresse lautet:

Prof. Dr. André R. Probst Universität Lausanne INFORGE, HEC, BFSH1 CH-1015 Lausanne Schweiz Tel: ++41 21 692 34 30 Fax: ++41 21 692 34 05 Email: Andre-Rene.Probst@hec.unil.ch	Dr. Dieter Wenger AAA-Sim AG Stöckackerstrasse 30 CH-4142 Münchenstein Schweiz Tel:++41 61 413 15 00 Fax: ++41 61 413 1501 Email: wenger.dieter@aaa-sim.ch

Inhaltsverzeichnis

1 Einleitung

Dieses erste Kapitel soll einerseits einen Überblick über die in diesem Buch vorgestellte elektronische Kundenintegration geben und gleichzeitig den Einstieg in die Thematik erleichtern.

Für viele Firmen haben sich in den letzten Jahren tiefgreifende Umwälzungen im geschäftlichen Umfeld ergeben. Ein wesentlicher Faktor war, getrieben durch die Transport- und Kommunikations-Technologie, die fortschreitende Globalisierung. Sie führte zu einer verschärften Wettbewerbssituation und zum Kundenmarkt. Der Anbieter, wollte er erfolgreich sein, war gezwungen, sich von der Konkurrenz zu differenzieren. Differenzierung durch Intensivierung der Kundenbeziehung hat sich dabei als erfolgreich erwiesen. Viele Firmen sehen heute in der elektronischen Kundenintegration den nächsten Schritt, indem sie beginnen, ihre Kunden systemmässig in Ihre Geschäftsabläufe zu integrieren. Dabei werden einerseits die Systeme des Kunden mit denen des Anbieters verbunden, andrerseits wird der Kunde Benutzer der Anbietersysteme.

Differenzierung durch verstärkte Kundenbeziehung verlangt nach einer hohen Kommunikationsfähigkeit der Firmen. Bei einer Ausdehnung der Kundenbeziehung auf die elektronische Ebene, kommt eine Reihe von Herausforderungen hinzu.

Eine zentrale Herausforderung für die Kundenbeziehung im allgemeinen und für die elektronische im speziellen stellt die Kundenbeziehungs-Kompetenz dar. Es ist die Kernkompetenz, die der Kommunikation mit dem Kunden zugrundeliegt. Der wesentliche Teil ist dabei die Überführung der Kundenanliegen in die Reaktionen und Leistungen des Anbieters.

1.1 Ziele der Elektronischen Kundenintegration (EKI)

Das Ziel der elektronischen Kundenintegration (EKI ... Elektronische KundenIntegration) soll einleitend als Vision formuliert werden; eine Vision, die sehr schnell Wirklichkeit werden könnte. Das Ziel des Buches ist, die Bedeutung der EKI hervorzuheben und als Leitfaden für ihre Realisierung zu dienen.

1.1.1 "Die beste aller Kundenwelten"

Unser Kunde in einer nicht allzu fernen Zukunft fühlt sich wirklich wie ein König. Seit einiger Zeit benutzt er immer öfter seinen elektronischen Konsumentenkanal.

Im Januar war es kalt und eisig. Er hatte Probleme mit seinem Autoschloss. Nach seiner Anfrage im Konsumentenkanal, "Ich habe eine Problem mit meinem Autoschloss, infolge der dauernden Kälte", erhielt er von einer Drogerie und einer Tankstellenkette einige Sekunden später über seinen Bildschirm eine Antwort, welches Produkt er wo zu welchem Preis kaufen kann. Zudem konnte er die Gebrauchsanleitung abrufen.

In der gleichen Woche sollte er ein Geschenk für sein Patenkind vorbereiten. Er wusste, er wolle dem Kind ein einfaches Spielzeug aus Holz schenken und formulierte entsprechend sein Anliegen. Es meldeten sich einige Sekunden später drei Spielzeugläden und ein grösseres Warenhaus, indem sie auf die entsprechenden Web Pages verwiesen, auf denen solches Spielzeug beschrieben war. Am nächsten Tag besuchte er einen dieser Läden. Nach einem lehrreichen Gespräch mit einem Verkäufer entschied er sich aber für einen Teddybären.

Vor Ostern wollte er übers Wochenende nach Paris. Er gab ein: "Ich möchte mit der Bahn für ein Wochenende nach Paris, vom 3. bis 5. April." Er erhielt von der Bahn ein Angebot, ebenso von mehreren Reiseveranstaltern. Ein Reiseveranstalter bot sogar eine virtuelle Sightseeing-Tour an. Sehr brauchbar war insbesondere eine Übersicht über die Sehenswürdigkeiten und Veranstaltungen. Buchen konnte er direkt über seinen Konsumentenkanal.

Sehr verblüfft war er im Mai. Sein Fernsehapperat schien defekt zu sein. Er meldete auch dies seinem elektronischen Kundenkanal. Vom Vertreter des entsprechenden Herstellers erhielt er Sekunden später erstens eine Meldung, dass er mitteilen möge, wann jemand vorbeikommen solle. Zuvor wurden ihm aber noch einige Testfragen gestellt. Zweitens erhielt er ein Umtauschangebot, von dem er dann wirklich auch Gebrauch gemacht hat.

So ging es weiter. Regelmässig erkundigt er sich nun auch immer, bevor er einkaufen geht, über Nahrungsmittelangebote. Letztens hatte er eine Beschwerde, da die gekauften Orangen ungeniessbar ausgetrocknet waren. Er meldete sich, indem er zuerst die Warenhauskette im Konsumentenkanal eingab. Diese antwortete sogleich mit ihrer Page. Dort formulierte er seine Beschwerde. Er erhielt unmittelbar die Antwort, dass die Sache mit den Orangen untersucht würde. Einen Tag später erhielt er eine Meldung, dass ihm beim nächsten Einkauf ein Betrag x gutgeschrieben werde.

Heute nun ist eine Bekannte bei ihm. Eines der Gesprächsthemen ist dieser Konsumentenkanal, da gegenwärtig eine Initiative der Krankenkassen zusammen mit den Apotheken bei den Ärzten für Wirbel sorgt. Bei gesundheitlichen Problemen soll man sich jetzt ebenfalls über den Konsumentenkanal melden können. Man erhält sogleich eine Empfehlung über die weiteren Schritte, die man unternehmen solle, und an wen man sich wenden könne. Auch erzählt ihm seine Bekannte, dass sie ihre Anliegen seit zwei Wochen nur noch mündlich eingebe. Von einigen Anbietern erhält sie dann auch die Antwort zusätzlich in gesprochener Form zurück.

1.1.2 Ziel: Bedeutung der EKI

Es ist das allgemeine Ziel dieses Buches zu zeigen, wie die hier an einem Beispiel skizzierte Vision realisiert werden kann. Die konkreten Ziele sind, eine umfassende Darstellung der elektronischen Kundenintegration zu geben, und zu beschreiben, wie die EKI in Firmen eingeführt werden kann.

Zunächst sollen durch eine umfassende Darstellung der EKI deren Bedeutung in der heutigen Informationsgesellschaft und das Potential für Firmen hervorgehoben werden. Der Begriff der EKI soll von einem strategischen und einem operativen Gesichtspunkt aus betrachtet werden.

Strategischer Aspekt

Strategisch gesehen kann man unter der EKI den Auftritt einer Firma im elektronischen Umfeld verstehen. Wie in Bild 1.1 dargestellt, wird eine Firma als Organismus verstanden, welcher aufgrund von äusseren elektronischen Stimuli reagiert und agiert. Über Stimuli und Reaktion interagiert die Firma elektronisch mit ihrer Umwelt. Ein Stimulus wäre beispielsweise ein Anliegen eines Kunden und eine Reaktion der Firma könnte ein Produktangebot sein.

Kernkompetenz

Die Interaktion mit der Aussenwelt ist eine zentrale Kompetenz einer jeden Firma. Es ist die Kompetenz, mit ihren 'Stakeholders' wie Kunden, Lieferanten und Mitarbeitern zu kommunizieren. Die Beziehung zu ihren Kunden basiert auf Kernkompetenzen wie der des Vertriebes, der Beratung und der Kommunikationspolitik. Die Elektronisierung setzt die systematische Pflege und Weiterentwicklung dieser Kompetenzen voraus. Damit dient sie als Grundlage für den Geschäftsimperativ nach einem firmenindividuellen, konsistenten und klaren Auftritt. In diesem Buch wird das Gewicht primär auf die Beziehung mit dem 'Stakeholder' Kunde gelegt. Die Überlegungen, Schlussfolgerungen, Ansätze und Implementationen können aber auch auf die anderen 'Stakeholders' ausgedehnt werden, insbesondere auf den Mitarbeiter.

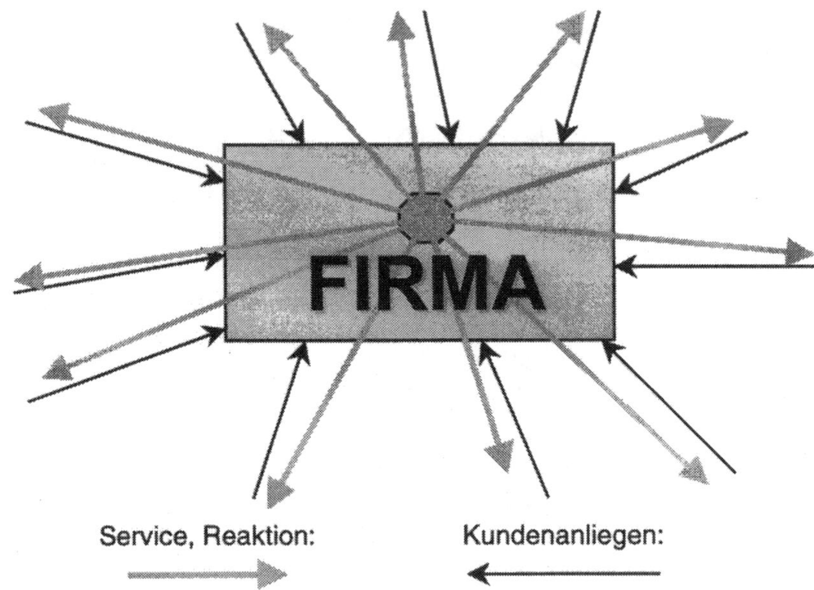

Bild 1.1: Aussenbeziehung einer Firma

Operationeller Aspekt

Aus einem operationellen Blickwinkel betrachtet, setzt sich die EKI zum Ziel, Anbieter und Kunde mittels elektronischer Kommunikation näher zusammenzubringen. Einerseits werden die Prozesse des Kunden mit denen des Anbieters verknüpft, andrerseits wird der Kunde direkt zum Benutzer der Anbieterprozesse.

1.1.3 Ziel: Implementation der EKI

Ein zweites Ziel dieses Buches ist, einen Leitfaden für die Realisierung der EKI zu liefern. Das Buch zeigt einerseits anhand einer mit vielen Beispielen erläuterten Methodik die Erarbeitung des Konzeptes und andrerseits mit Werkzeugen und Systemen die konkrete Realisierung.

1.2 Kompetenzen, Imperative und Trends

Die hier vorgestellte elektronische Kundenintegration basiert auf einer Kombination von Geschäfts- und Technologie-Kompetenzen. Diese Kompetenzen werden von Geschäftsimperativen und wirtschaftlichen sowie von technologischen Trends getrieben.

Die Kompetenzen umfassen das Wissen,

- wie das jeweilige Geschäft zu modellieren ist,
- wie die EKI zu gestalten ist,

- wie das geschäftliche Wissen zu erarbeiten ist, das die Grundlage für die EKI bietet,
- wie Technologien einzusetzen sind, um die EKI zu realisieren.

Geschäftsimperative sind beispielsweise die flexible Ausrichtung einer Firma auf den Markt und die Erweiterung ihrer Kundenbeziehung in Richtung Automatisierung.

Technologische Trends sind beispielsweise die permanente Zunahme der technischen Kommunikationsleistung (Netzleistung), die Leistungszunahme bei den Computern und der Trend zur Internet-Technologie.

Wirtschaftliche Trends sind beispielsweise die zunehmende Bedeutung der Kompetenz und der Information sowie die Globalisierung beim Wettbewerb.

1.3 Differenzierung durch Kundenbeziehung

Das geschäftliche Umfeld hat sich für viele Firmen in den letzten Jahren stark verändert. Ein klar zu beobachtender Trend ist die fortschreitende Globalisierung; die Welt rückt zusammen, sie wird zum Dorf. Firmen, die sich früher in einem lokalen Markt bewegt haben, kämpfen heute mit globaler Konkurrenz. Zwei aktuelle Beispiele sind die Fluggesellschaften und die Telekommunikationsunternehmen. Infolge der Liberalisierung fallen die Heimmärkte weg.

Globalisierung

Wesentliche Treiber für die Globalisierung sind die Transport- und die Kommunikations-Technologie; Waren und Informationen überbrücken Distanzen zunehmend schneller und in grösseren Mengen. Dazu gehört auch, dass die verbesserte Kommunikations-Technologie es ermöglicht, das gleiche Produkt koordiniert dezentral zu produzieren und damit die Transportwege weiter zu verkürzen. Die zunehmende Globalisierung macht den Markt zunehmend effizienter; die Einschränkungen von Ort und Zeit vermindern sich.

Kundenmarkt

Die Globalisierung führt zu erhöhter Konkurrenz und verstärkt damit die Position des Kunden. Für ihn steigt die Auswahl an Produkten, und er kann den Kaufprozess auf verschiedene Arten durchführen. Aus dem Anbietermarkt entwickelt sich ein Kundenmarkt. Aber damit der Kunde daraus einen wirklichen Vorteil ziehen kann, braucht er Informationen; er muss vergleichen können. Sein Bedarf nach Information steigt.

Differenzierung

In dieser verschärften Wettbewerbssituation muss sich der Anbieter von seinen Konkurrenten differenzieren. Dies kann er beispielsweise über den Preis des Produktes, über dessen Qualität oder über die Kundenbeziehung erreichen.

Die Differenzierung über den Preis kann der Anbieter nur so weit treiben, wie er gleichzeitig seine Kosten senken oder den Absatz steigern kann. Andernfalls vermindert er seinen Gewinn. Zudem kann er sich in einem Preiskampf nicht anhaltend vor der Konkurrenz schützen.

Die Differenzierung über die Qualität des Produktes setzt eine hohe Innovationsfähigkeit des Produktes voraus, die beispielsweise in der Computer- und in der Pharmaindustrie vorhanden ist.

Bei der Differenzierung über die Kundenbeziehung geht der Anbieter einen Schritt weiter. Er liefert dem Kunden nicht nur das Produkt, sondern zudem einen Kundenbeziehungskanal. Über diesen Kanal wird der Verkauf, die Leistung und der Support abgewickelt. Diese Art der Differenzierung verbessert die Kenntnisse des Anbieters über den Kunden, reduziert den Aufwand und kann das Absatzvolumen erhöhen.

Kenntnisse über Kunde

Die umfassenden Kundenkenntnisse erhält der Anbieter aufgrund der Intensität der Kundenbeziehung. Sie versetzen ihn in die Lage, seine Leistungen besser auf die Bedürfnisse des Kunden auszurichten und schneller auf neue oder sich verändernde Bedürfnisse zu reagieren. Der Anbieter lernt den Kundennutzen kennen und kann proaktiv neue Leistungen vorschlagen. Zudem hat er die Möglichkeit, den Kunden in den Entwicklungsprozess seiner Produkte zu integrieren.

Reduktion des Aufwandes

Aufwandsreduktionen ergeben sich infolge der institutionalisierten Kundenbeziehung. Die Prozesse, die beim Anbieter und beim Kunden ablaufen, können koordiniert werden. Gewisse Doppelspurigkeiten können eliminiert werden. Ein Beispiel dafür ist der Zahlungsverkehr. Bei einer geringen Kundenintegration schreibt der Kunde die Zahlungsdaten auf ein Formular und schickt dieses der Bank. In der Bank wird das Zahlungsformular erfasst, und anschliessend wird die Zahlungstransaktion vom System ausgeführt. Bei einer höheren Kundenintegration kann der Kunde die Zahlungsanweisung direkt in das Zahlungssystem der Bank eingeben. Der Anbieter spart Kosten. Der Kunde kann gleichzeitig seinen Aufwand reduzieren. Erste Voraussetzung dafür ist aber die elektronische Kommunikation zwischen Anbieter und Kunde. Zweite Vorraussetzung ist ein Eingabegerät für elektronische Information (z.B. ein Computer). Dritte Voraussetzung ist das Wissen des Kunden, wie eine Zahlungsanweisung elektronisch einzugeben ist. Vierte Voraussetzung ist die Motivation des Kunden, diese Art der Kundenbeziehung zu benutzen.

Bei einer institutionalisierten Kundenbeziehung sollte sich der Aufwand für den Kunden vermindern und sich damit das Geschäftsvolumen tendenziell erhöhen. Zudem erhöht sich auch die Kundenbindung, da der Kunde mit demjenigen Anbieter kommuniziert, mit dem es bequemer ist.

Anhaltender Konkurrenzvorteil

Eine derartige Differenzierung über die Kundenbeziehung hat den Vorteil, stabil zu sein. Die enge Beziehung mit dem Kunden gibt dem Anbieter einen anhaltenden Informations-, Zeit- und damit Konkurrenzvorteil.

Eine enge Kundenbeziehung ermöglicht dem Anbieter, immer wieder neuen Kundennutzen zu kreieren und damit laufend neuen Erlös zu generieren. Es ist damit gut zu erklären, dass es heute viele Firmen vorziehen, dasselbe Geschäftsvolumen mit weniger Kunden als mit vielen Kunden zu erreichen.

Kundennutzen

Die Ausrichtung auf den Kundennutzen erlaubt es dem Anbieter, seinen Preis am Kundennutzen zu orientieren. Damit wird der Preis individuell und fair.

Wie bei [8] und [9] erwähnt, waren in den neunziger Jahren diejenigen Firmen erfolgreich, die ihre Produkte marktgetrieben nach den Strategien ihrer Kunden ausrichteten. Die Kunden wurden nicht länger als eine Masse gesehen, sondern als einzelne Individuen. Sie sind zu Partnern geworden.

1.4 Bedeutung der Information und des Wissens

Die Kundenbeziehung besteht aus Information, die zwischen Anbieter und Kunde ausgetauscht wird, aus vom Anbieter geliefertem Beratungwissen, aus Angeboten, aus der eigentlichen Leistung und aus dem Support. Die Kundenbeziehung ist damit mit Ausnahme der eigentlichen Leistung eine reine Informationsangelegenheit. Sogar die Leistung kann eine reine Information sein, beispielsweise bei Informationsprodukten wie Zeitschriften, Musik, Filmen und Computerprogrammen.

Kundenbeziehung

Infolge der zunehmenden Bedeutung der Kundenbeziehung nimmt auch die Bedeutung der Information und des Wissens zu.

Neben der zunehmenden Bedeutung der Kundenbeziehung gibt es weitere Faktoren, die den Bedarf nach Information und Wissen ansteigen lassen, wie das schon erwähnte erweiterte Produktangebot und die höhere Komplexität von gewissen Produkten.

Bei einem breiteren Produktangebot braucht der Kunde für seinen Kaufentscheid mehr Information und Beratung. Beides muss vom Anbieter geliefert werden.

Komplexere Produkte

Viele Produkte werden komplexer und können vielseitiger eingesetzt werden. Beides führt zu höherem Beratungsbedarf. Der Computer ist ein treffendes Beispiel. Will man einen Computer mit all seinen neuesten Möglichkeiten wie Multimedia und Kommunikation nur schon einsatzfähig machen, dann benötigt man ein hohes Mass an Wissen und Information. Hat man es nicht, dann muss man es kaufen. Überdies ist ein Produkt wie ein Computer ein Werkzeug, das vielseitig genutzt werden kann. Es wird erneut Beratung notwendig, die den Einsatz des Computers betrifft.

1.5 Bedeutung der EKI

Eine enge Kundenbeziehung wird über die elektronische Kundenintegration erreicht, indem einerseits die Kunden- und die Anbieterprozesse zusammengebracht werden, und andrerseits der Kunde zum Benutzer der Anbieterprozesse wird.

Automatisierung

Die Kundenintegration impliziert eine Automatisierung der Kundenbeziehung, da erstens Kunden- und Anbieterprozesse über die prozessunterstützenden Systeme elektronisch verbunden werden, und zweitens der Kunde zum Benutzer der Systeme der Anbieterprozesse wird. Kundenintegration bedeutet damit elektronische Kundenintegration (EKI), da die Systeme bereits elektronisch ablaufen.

Überdies verspricht die Automatisierung der Kundenbeziehung, den schnell wachsenden Bedarf an Information und Wissen zu befriedigen. Dies ist damit vergleichbar, dass in der Warenwelt auch mittels Automatisierung ein hohes Warenvolumen produziert werden konnte.

Speziell im Computerbereich wird durch Supportzentren mit Automatisierungsversuchen begonnen, die Beratungs- und Supportleistung volumen- und qualitätsmässig zu steigern. Aber dieses Unterfangen wird insofern erschwert, da sich die Information und das Wissen aufgrund der Kurzlebigkeit der Produkte schnell ändern.

Ein weiterer Vorteil der EKI ist das Verschwinden der Einschränkung von Ort und Zeit. Die Kundenbeziehung wird jederzeit von jedem Ort möglich.

1.6 Die Herausforderung

Die Herausforderung der EKI ist die Erzielung eines hohen Anbieter- und Kundennutzens, was das Ziel einer jeden Geschäftsstrategie ist.

Suchen vermindern

Ein hoher Kundennutzen wird erreicht, wenn dem Kunden das Suchen abgenommen oder erleichtert werden kann. Der Anbieter muss dafür sorgen, dass er vom Kunden leicht gefunden wird, dass der Weg zum Vertrag kurz und effizient gestaltet werden kann, dass die Leistung wunschgemäss geliefert werden kann, und dass jeglicher Support schnell bereitgestellt werden kann.

Der Anbieternutzen wird erreicht, indem die vom Kunden geforderte Information und Beratung auf eine kostengünstige und individuelle Art geliefert werden kann.

Die in diesem Buch vorgestellte EKI setzt sich zum Ziel, den Kunden- wie auch den Anbieternutzen mit einer einheitlichen (gesamtheitlichen) Strategie zu maximieren.

Dabei soll die Gefahr umgangen werden, dass ein Anbieter seine Kosten durch hohe Standardisierung senkt, ohne den Kundennutzen zu berücksichtigen. Dies führt zwar zu einer Reduktion der Kosten, aber auch gleichzeitig zu einer Abnahme des Geschäftsvolumens. Man rationalisiert sich aus dem Markt.

1.7 Charakteristiken der EKI

Die EKI soll die komplette Breite der Kundenbeziehung von Marketing, Werbung, Beratung & Verkauf, Leistungserbringung bis hin zum Support abdekken. Sie soll auf einer einfachen, geschäftsbezogenen Strategie basieren, die auch die einzusetzende Technologie bestimmt.

Geschäftsbezogene Strategie

Wichtige Grundsätze dieser Strategie sind die Ausrichtung auf das Anliegen und die Sicht des Kunden, die Basierung auf dem Kundenberater und die Automatisierung der Kundenbeziehungs-Kompetenz. Es soll daraus eine Architektur entstehen, die fähig ist, auf Bestehendem aufzubauen.

1.7.1 Kundenanliegen und Kundensicht

Die EKI muss sich auf die Sicht des Kunden ausrichten. Der Kunde hat ein Anliegen, und er möchte, dass dieses Anliegen befriedigt wird.

Es soll mit der EKI eine Kundenbeziehung angestrebt werden, die

- umfassend,
- individuell und
- proaktiv ist.

Die umfassende Kundenbeziehung

Die elektronische Kundenbeziehung muss aus der Sicht eines Kunden umfassend sein, da es für den Kunden verwirrend wäre, und er es kaum verstände, wenn er je nach Anliegen den Kundenbeziehungskanal wechseln müsste. Andernfalls wäre ausserdem eine Gesamtkundenberatung nicht möglich. Eine umfassende Kundenbeziehung bedeutet auch, dem Kunden komplette Lösungen für seine Anliegen zu liefern inklusive Support. Es genügt nicht, ihm nur Produkte zur Verfügung zu stellen, mit denen er dann alleine gelassen wird.

Die individuelle Kundenbeziehung

Dass eine Kundenbeziehung individuell sein muss, braucht nicht weiter begründet zu werden, da es sonst keine Kundenbeziehung wäre. Die Konsequenzen sind aber erwähnenswert:

Eine Kundenbeziehung ist dann individuell, wenn die Information, die man dem Kunden gibt, spezifisch auf sein Anliegen ausgerichtet ist. Individuelle Kundeninformation entsteht aufgrund von Geschäften, die der Kunde mit dem Anbieter betreibt, oder sie kristallisieren sich durch Beratung heraus.

Der erste Fall braucht keine weitere Erklärung, wohl aber der zweite. Das folgende Beispiel soll helfen. Eine Bank X bietet über das Internet Anlagestrategien an. Diese Information ist nicht individuell, da jeder Kunde die gleiche Information erhält. Eine Bank Y bietet ebenfalls über das Internet Anlagestrategien an, aber in Form einer Anwendung, die vom Kunden einfach zu benutzen ist. Der Kunde kann seine individuellen Daten eingeben und erhält von der Anwendung eine auf seine Bedürfnisse angepasste Anlagestrategie. Der

Unterschied ist, dass die Bank X dem Kunden Information gibt, währenddem die Bank Y dem Kunden Wissen liefert, mit dem er seine individuelle Information erarbeiten kann. Diese Lösung ist damit umfassender und individueller.

Weiter bietet die individuelle Information einen interessanten Nebennutzen; individuelle Information lohnt sich, im Unterschied zur kundenneutralen Information, nicht zu kopieren. Damit schützen sich die Anbieter von kundenindividueller Information automatisch vor geschäftsschädigender Nachahmung.

Kundeninformationssystem

Aber individuelle Information verlangt nach einem Gedächtnis in der Kundenbeziehung. Das Wissen über den Kunden, sei es aus seinen früheren Kundenkontakten oder aus seinem Dienstleistungsverhalten, muss einbezogen werden. Man darf ihm beispielsweise nicht ein Produkt immer wieder vorschlagen, welches von ihm schon einmal abgelehnt wurde. Dies verlangt nach einer engen Verbindung zwischen der EKI und einem Kundeninformationssystem.

Individuelle Benutzerführung

Auch gehört zur individuellen Kundenbeziehung eine individuelle Führung der Kundeninteraktion. Ein Kundenberater führt das Gespräch aufgrund des Wissens über den Kunden. Für eine elektronische Kundenbeziehung bedeutet dies, dass die Systeme der EKI fähig sein müssen, den Benutzer individuell zu führen.

Proaktive Kundenbeziehung

Die proaktive Kundenbeziehung muss einerseits auf die Bedürfnisse des Kunden reagieren und andrerseits auf Veränderungen beim Anbieter. Der Anbieter muss die Bedürfnisse des Kunden kennen und verstehen, um die entsprechenden Leistungen anbieten zu können. Der Kunde sollte nicht spezifizieren müssen, welche Leistung er vom Anbieter benötigt, sondern nur seine Bedürfnisse schildern.

Push-Strategie

Der Anbieter muss aber auch wissen, welche Informationen für den einzelnen Kunden wichtig sind. Er sollte wissen, sobald er beispielsweise Neuerungen an einem Produkt vorgenommen hat, welche Kunden zu informieren sind. Betrachten wir beispielsweise einen Kunden mit einem Wertschriftendepot: Wichtige Information sind für ihn Nachrichten, die die Titel in seinem Depot betreffen. Auf der Basis der individuellen Risikostruktur kann er über geeignete neue Produkte informiert werden. Er könnte aufmerksam gemacht werden, wenn sein Wertschriftenportfolio neu strukturiert werden soll, oder wenn gewisse Titel gefährdet sind.

Kundenanliegen

Die proaktive Kundenbeziehung bedeutet ganz allgemein, auf den Kunden zuzugehen; unabhängig davon ob der Anstoss vom Kunden oder vom Anbieter kommt. Im Zentrum steht immer das Anliegen des Kunden. Das Element 'Anliegen' ist der Schlüssel zur Strukturierung der Kundenbeziehung. Die Strukturierung wiederum ist die Voraussetzung zur Automatisierung der Kundenbeziehung. Als erster Schritt bei der Strukturierung werden die verschiedenen Arten von Anliegen identifiziert, die in einer Kundenbeziehung vorkommen. Nach diesen Arten von Anliegen werden die Leistungen des Anbieters systematisiert; Leistungen wie das Liefern von Informationen, von Beratung, von Angeboten, des eigentlichen Produktes und des Supports.

1.7.2 Die Automatisierung der Kundenbeziehungs-Kompetenz

Ein Kunde, der mit einem Anbieter kommuniziert, erwartet auf der Anbieterseite Kompetenz; unabhängig davon, ob sein Kundenberater persönlicher oder elektronischer (virtueller) Natur ist. Daraus resultiert für die EKI die Forderung nach elektronischer Kundenbeziehungs-Kompetenz.

Ein wesentlicher Teil dieses Buches ist dem Aufbau der elektronischen Kundenbeziehungs-Kompetenz gewidmet. Sie ist das Wissen, die Anliegen des Kunden zu verstehen und in Leistungen des Anbieters zu überführen, wie das Liefern von Informationen, von Beratung, von Angeboten, des eigentlichen Produktes und des Supports.

1.7.3 Die Basierung auf dem Kundenberater

Damit das Konzept umgesetzt werden kann, muss auf den bestehenden Kundenbeziehungsstrukturen aufgebaut werden. Die elektronische Kundenbeziehung bildet zusammen mit der persönlichen die Gesamtkundenbeziehung. Damit die Vorteile beider Arten von Kundenbeziehungen optimal genutzt werden können, müssen beide als Komponenten der gesamten Kundenbeziehung verstanden werden.

Elektronische Assistenten

Daraus resultiert die Forderung nach einer Integration des Kundenberaters. Aus seiner Sicht erhält er mit der elektronischen Kundenbeziehung ein zusätzliches Instrument; er wird mit elektronischen Assistenten ausgestattet. Diese elektronischen Assistenten unterstützen ihn beim Gebrauch des elektronischen Kundenbeziehungskanals. Sie 'gehen' zum Kunden und nehmen dessen Anliegen auf (Bild 1.2). Sie liefern Lösungen für dessen Anliegen und leiten es an die richtige Stelle weiter. Sollten sie ein Anliegen nicht bearbeiten können, dann stellen sie es dem Kundenberater zu.

Der Kundenberater hat immer den Überblick über seine elektronischen Assistenten und deren Aktivitäten. Sie erledigen für ihn die Routinearbeiten. Durch die beliebige Vermehrbarkeit dieser Assistenten werden die Effizienz und das Geschäftsvolumen des Kundenberaters wesentlich vergrössert. Gleichzeitig erhält er die Möglichkeit, sich mehr auf Akquisition und spezielle Beratung konzentrieren zu können.

Bild 1.2:
Elektronische
Assistenten

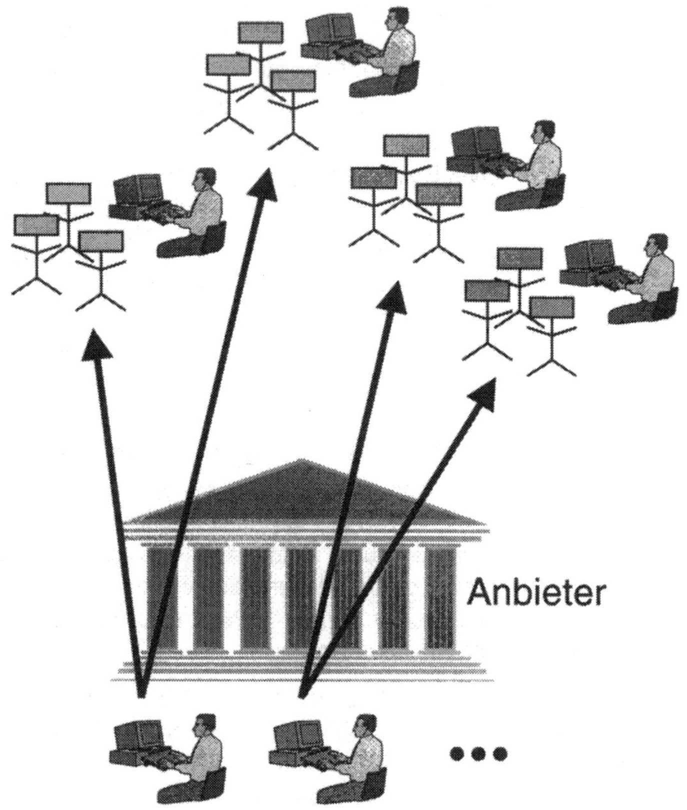

1.7.4 Die Technologie

Die Technologie hat die Konzeption zu unterstützen und sie realisierbar zu machen. Gefordert ist die Kommunikations-Technologie für den elektronischen Informationsaustausch und die wissenbasierte Technologie für die Elektronisierung der Kundenbeziehungs-Kompetenz.

Für den elektronischen Informationsaustausch ist das Internet die gegenwärtig dominierende Technologie.

Die anfängliche Internet-Euphorie und Aufbruchstimmung ist somit leicht zu erklären. Nur, was wurde erreicht? Mit wenigen Ausnahmen beschränkt sich im Moment die Nutzung des Internet auf eine Präsentation der Firma und

Lieferung von allgemeinen Informationen. Aber wie steht es mit der Integration des Kunden über eine elektronische Kundenplattform?

Von der Internetpräsenz zur elektronischen Kundenbeziehung

Für viele Firmen war der Schritt zur Internetpräsenz eher lästig und wurde halbherzig durchgeführt. Wenn eine Strategie vorhanden war, dann war sie sehr oft defensiver Natur. Ein Nutzen, insbesondere ein kurzfristiger, konnte nicht gesehen werden. Das Risiko, etwas zu verpassen, wollte man aber kleinhalten. Trotzdem konnten einige Erfahrungen und Erkenntnisse gewonnen werden. Zumindest lernte man diese neue Technologie kennen, war aber skeptisch in den Erwartungen für einen nutzbringenden Einsatz.

Dies ist sehr wohl zu verstehen, denn der Schritt von der Internetpräsenz zur elektronischen Kundenbeziehung bedingt ein radikales Umdenken, eine geschäftsbezogene Strategie, ein technisches Konzept und die begleitende Umsetzung.

Ein radikales Umdenken

Damit das Konzept der EKI umgesetzt werden kann, muss das Umdenken radikal sein, da heute bei der Internetpräsenz oft die Sicht des Anbieters den Auftritt bestimmt; dem Kunden wird gezeigt, was der Anbieter vorzuweisen hat. Banken beispielsweise zeigen ihre Schalterhallen und internen Strukturen. Bei der EKI hingegen steht die Sicht des Kunden im Zentrum. Der Kunde hat ein Anliegen, und er möchte, dass dieses Anliegen befriedigt wird. Wie die interne Struktur des Anbieters aussieht, interessiert ihn nur wenig.

1.7.5 Die Architektur der EKI

Die Architektur hat die geschäftsbezogenen Anforderungen umzusetzen. Es resultiert daraus eine Architektur, die das Kundenanliegen 3-stufig behandelt (Bild 1.3).

Auf der ersten Stufe wird das Anliegen von den elektronischen Assistenten aufgegriffen und bearbeitet. Je nach Anliegen kann es vollständig auf der ersten Stufe bearbeitet werden, oder es muss an die entsprechende interne Stelle weitergewiesen werden (Stufe 2). Anliegen, die nicht oder nur unvollständig automatisch behandelt werden können, werden dem entsprechenden Kundenberater zugestellt (Stufe 3).

Die möglichst umfassende Behandlung des Kundenanliegens auf der ersten Stufe ermöglicht kurze Frage-Antwort-Zyklen und damit eine enge Kundenbeziehung. Somit ist es von Vorteil, möglichst viel Beratungs- und Leistungs-Kompetenz auf dieser Stufe anzubieten.

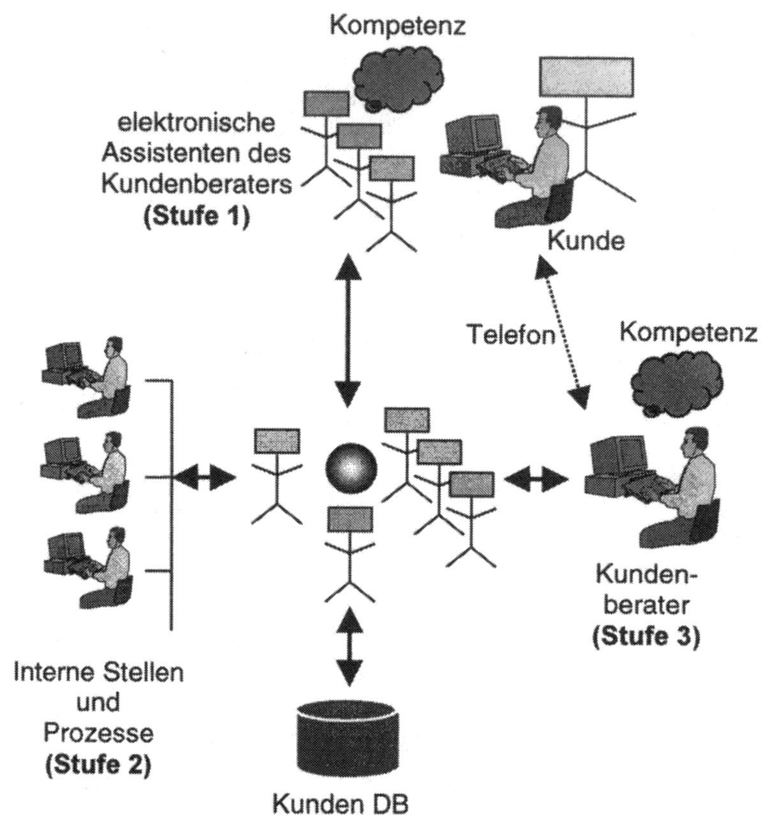

Bild 1.3:
3-stufige Behandlung des Anliegens

1.8 Implementation der EKI

Die folgenden Bilder stellen eine implementierte, auf der vorgestellten Architektur beruhende EKI vor. Der Kunde kommuniziert über Internet mit dem Anbieter.

Die EKI wird personifiziert, indem das Bild des Kundenberaters bei der Kontaktaufnahme erscheint (Bild 1.4).

Diese Personifizierung basiert auf einer Metapher (Bild 1.5a). Sie zeigt, wie der Kunde bei der elektronischen Kundenbeziehung vom Kundenberater begleitet wird. Der Kundenberater hilft ihm einerseits funktional - bei der Bedienung - und andrerseits inhaltlich.

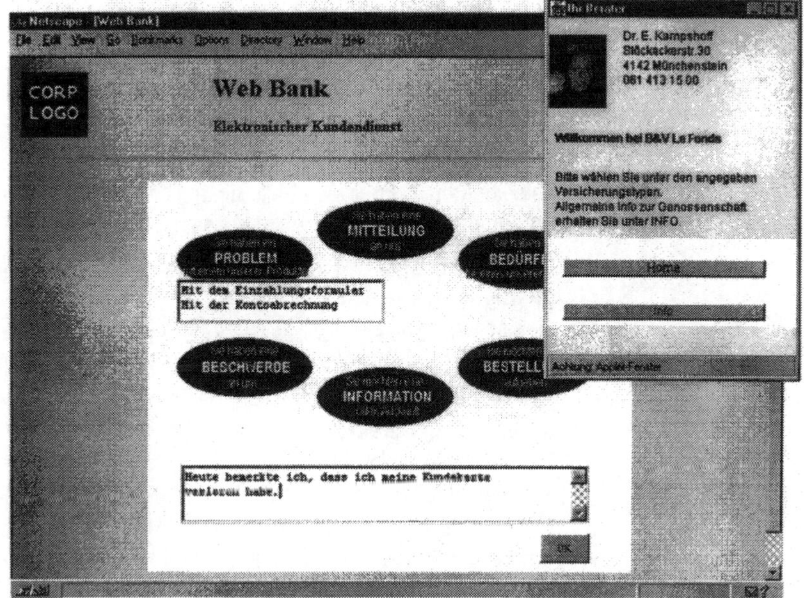

Bild 1.4: Kundenberater bei der Kontaktaufnahme

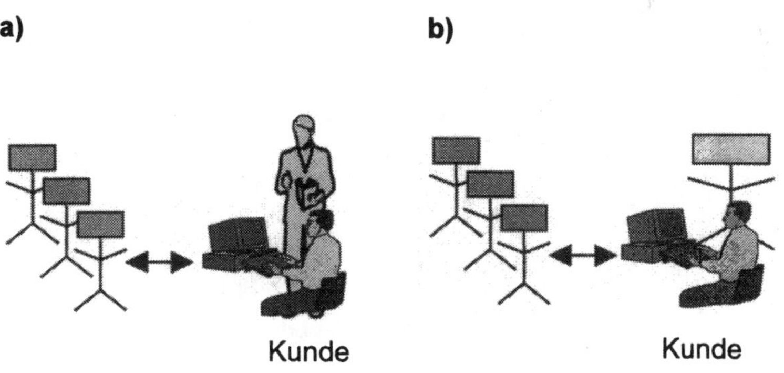

Bild 1.5: Metapher für den elektronischen Berater

Bild 1.5b stellt die elektronische Variante dar. Der Kundenberater wird in seiner Begleiterrolle von einem seiner elektronischen Assistenten vertreten. Dieser ist als verlängerter Arm des Kundenberaters anzusehen. So kann der Kunde über den elektronischen Kundenberater jederzeit mit seinem persönlichen Kundenberater in Kontakt treten - telefonisch oder elektronisch. Möglich ist auch die andere Richtung, bei der der Kundenberater den Kontakt zum Kunden aufnimmt. Wie weit diese Kommunikation getrieben werden soll, hängt von der Firmenkultur des Anbieters, den Anforderungen des Kunden und den technologischen Möglichkeiten ab - wie beispielsweise Videokommunikation.

Individuell, proaktiv

Über seinen elektronischen Vertreter kann der Kundenberater dem Kunden individuelle und proaktive Informationen liefern. Er kann den Kunden beispielsweise über spezielle Aktionen informieren, die für den Kunden relevant sein könnten, oder ihn im Falle eines Wertschriftendepots bei einer Bank z.B. darauf aufmerksam machen, dass sein Depot gewisse Schwachstellen hat.

Bild 1.4 zeigt auch, wie die Fokusierung auf den Kunden umgesetzt wird. Dies führt zu einer denkbar einfachen Gestaltung der elektronischen Kundenbeziehung. Sie besteht nur aus der Klassifizierung der verschiedenen Arten von Anliegen (Bereiche) wie Bestellung, Beschwerde und Produktbedürfnis. Der Kunde wählt einen Bereich aus, der seinem Anliegen am nächsten kommt. Jeder dieser Bereiche kann eine Liste von Beispielen enthalten, die dem Kunden helfen, sich besser zurecht zu finden. Diese Listen passen sich dem Kundenverhalten an, indem die in der Vergangenheit häufigsten Anliegen des Kunden erscheinen. Zusätzlich umfasst die Kundenplattform ein Textfeld, das dem Kunden erlaubt, sein Anliegen frei textlich in seinen eigenen Worten zu formulieren.

Beispiel

In unserem Falle hat der Kunde ein Problem. Er hat seine Kundenkarte verloren. Das System nimmt dieses Anliegen auf und versucht, den Inhalt zu verstehen. Versteht es den Inhalt, und konnte es das Problem identifizieren, dann ist es in der Lage, die nächsten Schritte in die Wege zu leiten (Bild 1.6).

Beispiel

Nehmen wir als weiteres Beispiel eines Kundenanliegens an, der Kunde möchte sein Geld anlegen. Er wählt den Bereich 'Bedürfnis' aus (Bild 1.4) und gibt den Text ein: "Ich möchte mein Geld auf eine gewinnbringende und sichere Art anlegen." Sein Anliegen wird analysiert, und es wird ihm vorgeschlagen, sich über das Produkt 'Wertschriftendepot' näher beraten zu lassen. Sollte er damit einverstanden sein, dann erscheint der elektronische Wertschriftendepot-Berater (Bild 1.7).

Der Kunde hat nun die Möglichkeit, über Wertschriftendepots beraten zu werden. Es wird ihm das Produkt 'Wertschriftendepot' vorgeführt. Er kann eine 'Produktprobefahrt' machen, bei der ihn der elektronische Wertschriftendepot-Berater Schritt um Schritt begleitet. Zuerst erstellen sie zusammen ein Portfolio.

Die erste benötigte Information besteht aus dem anzulegenden Vermögen und der Risikobereitschaft (Bild 1.8). Der elektronische Berater schlägt darauf eine Portfoliostruktur vor, die sich aus verschiedenen Vermögenswerten zusammensetzt (Bild 1.9).

Der Kunde kann sich diesen Vorschlag grafisch aufbereiten lassen (Bild 1.10). Er kann sich das Portfolio bewerten und Simulationen durchführen lassen (Bild 1.11). Bei allen Schritten wird er vom elektronischen Kundenberater begleitet, der ihm weitere Vorschläge macht wie beispielsweise den Hinweis auf geeignete Publikationen.

Der Kunde kann auch Transaktionen simulieren und sieht, wie sich das Portfolio verändert. Weiter kann er sich die Performance des Portfolios zeigen lassen oder einzelne Titel analysieren (Bild 1.12).

Die elektronische Beratung führt das Produkt auf eine Art vor, als ob der Kunde es schon erworben hätte.

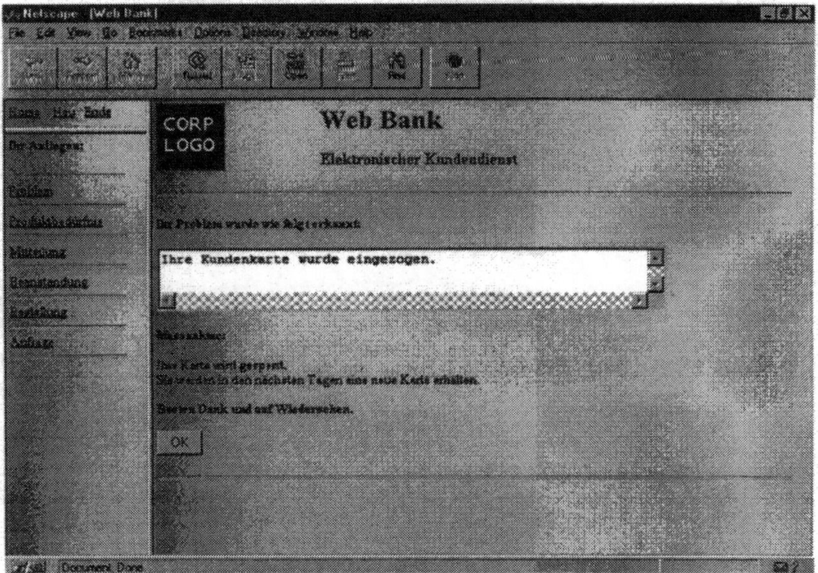

Bild 1.6: Behandlung eines Problems

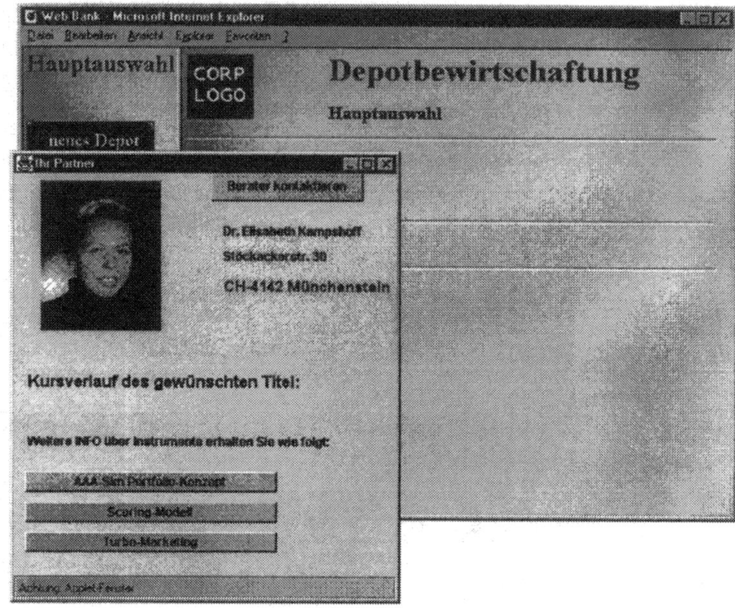

Bild 1.7:
Einstieg in die Wertschriftendepot-Beratung

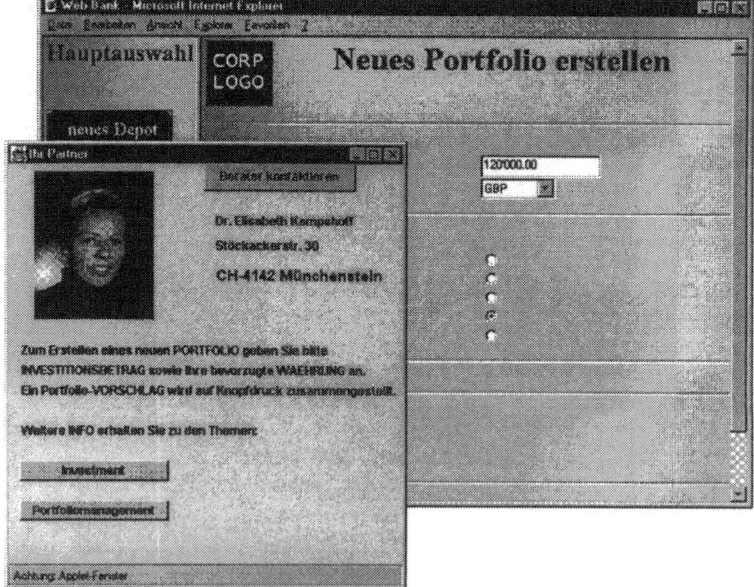

Bild 1.8:
Aufnahme von kundenindividuellen Daten

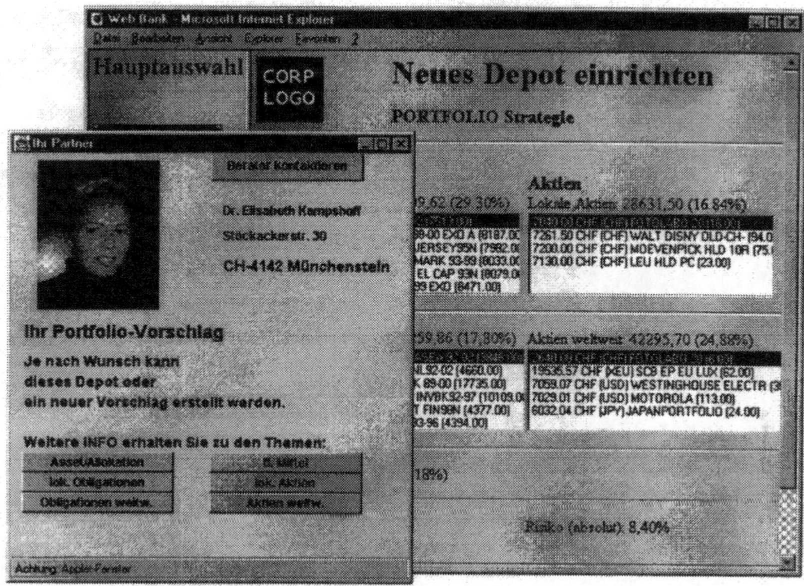

Bild 1.9:
Portfolio-Vorschlag

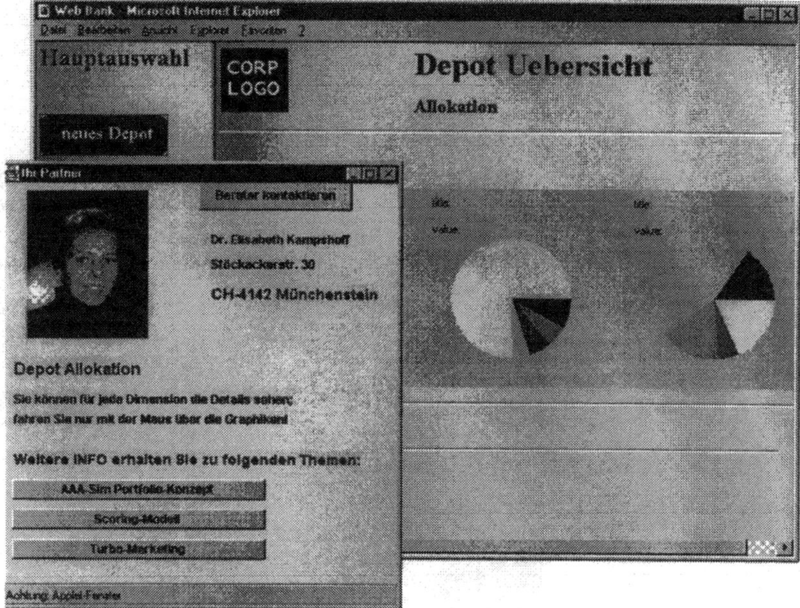

Bild 1.10:
Portfolio-Übersicht

Bild 1.11:
Portfolio-Bewertung

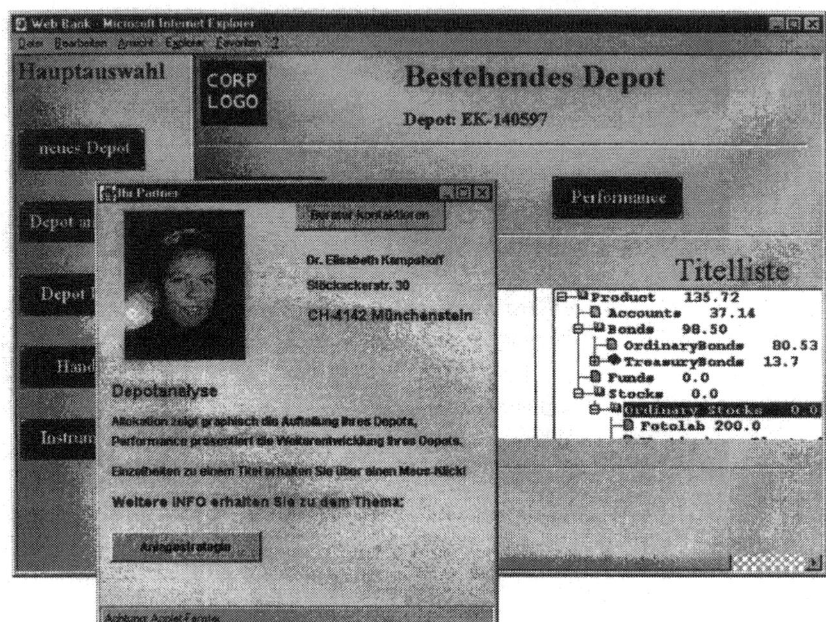

Bild 1.12:
Titel-Analyse

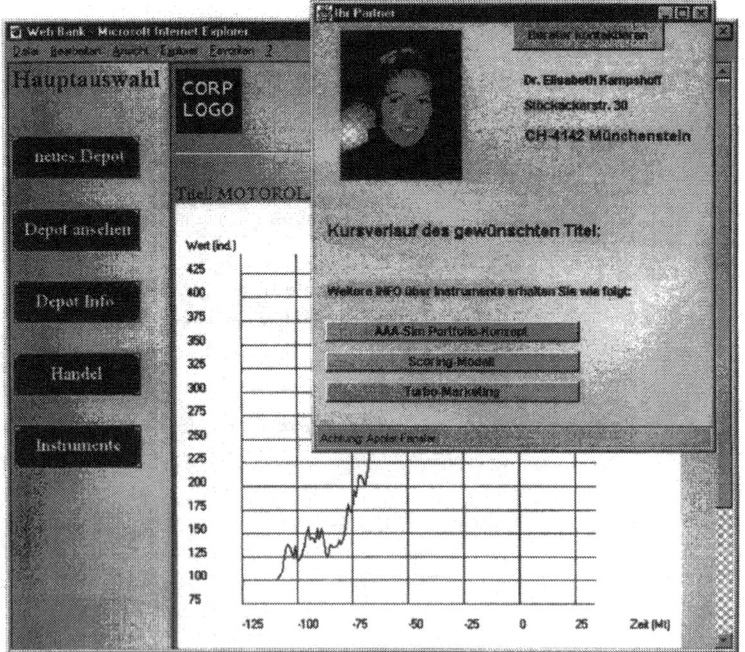

1.9 Inhaltliche Übersicht

Es war die Aufgabe dieses Kapitels, eine Einführung in die Thematik und eine Positionierung der EKI zu geben. Die Kapitel 2 bis 5 befassen sich mit der EKI im Detail. Bild 1.13 illustriert die wesentlichen Komponenten und Zusammenhänge.

Will man den Kundenbeziehungs-Prozess verstehen, dann müssen die Forderungen nach dem Verstehen des Kunden und des Anbieters erfüllt werden. Kapitel 2, 'Die Modellierung des Kundenverhaltens', zeigt, wie dies durch eine Modellierung der Kundenprozesse (Modell der Kundenprozesse) und der Anbieterprozesse (Modell der Anbieterprozesse) erreicht werden kann. Im weiteren beinhaltet dieses Kapitel auch das Kundenbeziehungs-Modell. Es leitet sich vom Kundenaktivitäts-Zyklus (CAC ... Customer Activity Cycle) und der Wertschöpfungskette (VC ... Value Chain) ab.

Kapitel 3, 'Die Kundenbeziehungs-Kompetenz', befasst sich mit dem Wissen, das für die Kundenbeziehung benötigt wird. Da die Kundenbeziehung zweifellos ein Kernprozess einer jeden Firma ist, kann das zugehörige Wissen als Kernkompetenz bezeichnet werden. Eine gute Strukturierung dieses Wissens ist eine Grundvoraussetzung, um es pflegen zu können. Die Kundenbeziehungs-Kompetenz erhält ihre Struktur aus den in Kapitel 2 hergeleiteten Modellen.

Kapitel 4, 'Die Architektur', und Kapitel 5, 'Die Systeme', zeigen den Aufbau der EKI und deren Implementierung aus den vorher erarbeiteten Komponenten.

Kapitel 6, 'Wissensmanagement', ist eine Darstellung der EKI vom Gesichtspunkt des Wissensmanagement her. Es dient dazu, diesen für die EKI angewandten Ansatz zu verallgemeinern.

Kapitel 7, 'Die elektronische Mitarbeiterintegration', stellt einen verwandten Einsatzbereich vor und zeigt die Allgemeingültigkeit des Ansatzes. Dabei werden die Ansätze und Prinzipien der EKI auf einen weiteren wichtigen 'Stakeholder' angewandt, den Mitarbeiter.

Den Schluss bildet das Kapitel 8, 'Die Zeit ist reif'. Es soll speziell darauf hinweisen, dass die Züge in Richtung elektronischen Wissens und Einbezug der elektronischen Dimension bereit stehen und teilweise schon fahren.

Das angehängte Glossar soll dem Leser helfen, die Inhalte von verwendeten Begriffen nachlesen zu können.

Bild 1.13:
Wesentliche Komponenten der EKI

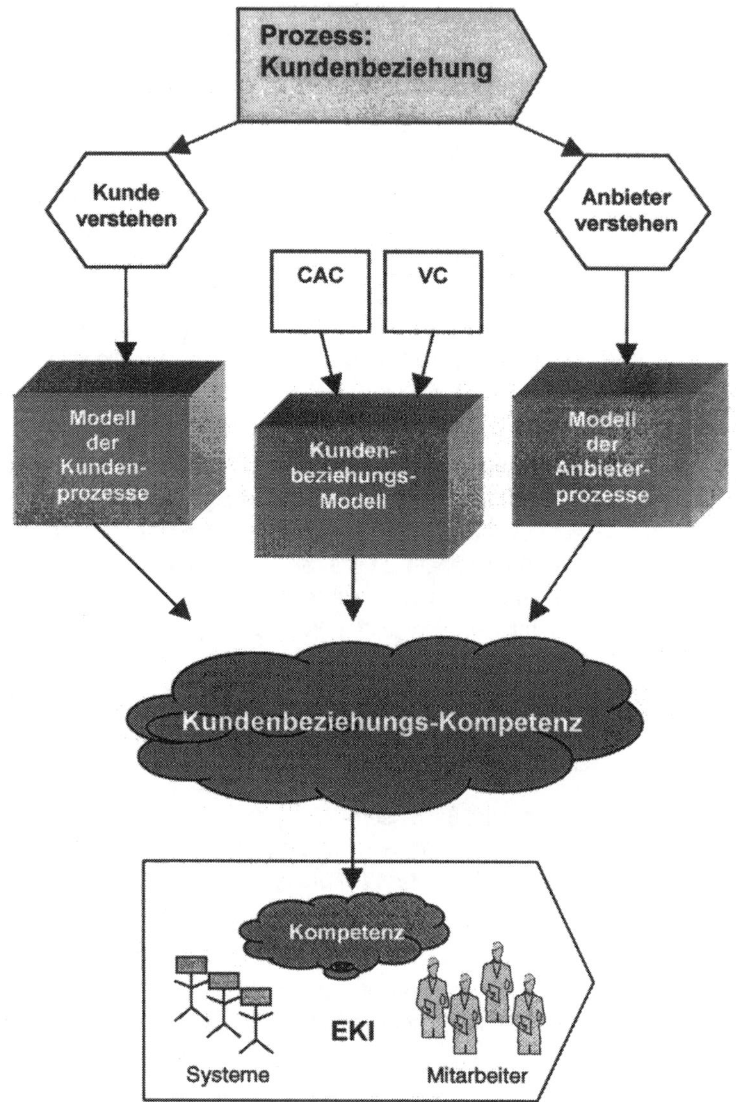

Diskussion und Resultate

Differenzierung

Die EKI unterstützt die Firmen in ihrer Differenzierung voneinander durch verstärkte Kundenbeziehung. Sie ermöglicht die Verbindung der Anbieter- mit den Kundensystemen und macht den Kunden zum Benutzer der Anbietersysteme. Dadurch kann der Aufwand auf Anbieter- und Benutzerseite verringert werden, die Leistungen des Anbieters können verbessert werden, und es kann immer wieder neuer Kundennutzen geschaffen werden.

Automatisierung

Die EKI bringt das automatisierende Element in die Kundenbeziehung. Damit wird es möglich, das zunehmende Informations- und Wissenvolumen zu bewältigen.

Elektronische Kompetenz

Wichtige Vorraussetzung, die die EKI erfüllen muss, ist das Liefern von elektronischer Kompetenz bei der elektronischen Kundenbeziehung. Der Kunde erwartet auch, dass seine Anliegen auf der elektronischen Ebene vom Anbieter verstanden, bearbeitet und erfüllt werden. Zudem erwartet er individuelle Beratungsleistung.

Investition

Die EKI ist eine Investition in die gesamte Kundenbeziehung. Der Kundenberater erhält mit der EKI ein zusätzliches Instrument, das ihn bei seinen Kundenbeziehungstätigkeiten unterstützt.

Kernkompetenz

Weiter stellt eine Investition in die EKI eine Investition in eine Kernkompetenz dar. Die EKI hilft entscheidend beim weiteren Ausbau der Kundenbeziehungs-Kompetenz. Bestehendes Wissen wird strukturiert, systematisiert und automatisiert. Es wird getestet und angewandt. Durch das Testen ergeben sich neue Ideen. Diese werden wiederum eingebaut und getestet. Auf diese Art entsteht eine Eigendynamik, die zu immer besserem Wissen führt.

Damit darf die Investition in die EKI primär als eine Investition in das eigentliche Geschäft angesehen werden und erst sekundär in die Technologie.

Firmenauftritt

Die Firmen besitzen mit der EKI ein Mittel zur wesentlichen Verbesserung ihres Firmenauftrittes in bezug auf Qualität und Konsistenz.

Technologie

Die EKI benutzt die Kommunikations-Technologie und die wissensbasierte Technologie. Mit der Kommunikations-Technologie wird genau diejenige Technologie eingesetzt, die zu einem grossen Teil für den Wandel im geschäftlichen Umfeld verantwortlich gewesen ist. Beide Technologien entwikkeln sich schnell weiter. Von diesen Fortschritten wird die EKI profitieren und getrieben werden.

2 Die Modellierung des Kundenverhaltens

Der Kunde soll zum Partner des Anbieters werden. Der Anbieter muss dazu seinen Kunden sehr gut kennen – je besser er ihn kennt, desto umfassender kann er die Kundenbeziehung gestalten.

Gestaltung Produkt

Es ist das Ziel der Modellierung des Kundenverhaltens, den Kunden kennenzulernen. Das gewonnene Modell über das Kundenverhalten hilft uns bei der Gestaltung der Produkte. Ein wesentlicher Teil dabei ist die Gestaltung der produktbezogenen Kundenbeziehung. Über die Gestaltung aller Produkte erhält man damit einen grossen Teil der gesamten Kundenbeziehung.

Die Gestaltung des Produktes beinhaltet zu einem grossen Teil den Aufbau der entsprechenden Kundenbeziehungs-Kompetenz, will man das Produkt optimal auf den Kunden ausrichten, optimal vertreiben und optimal unterstützen.

Die systematische Gestaltung von Produkt inklusive Kundenbeziehungs-Kompetenz ist die Grundlage für die elektronische Kundenintegration. Auf dieser Basis ist es möglich, den Kunden zu verstehen. Verstehen wir aber den Kunden, dann können wir ihm proaktiv Leistungen anbieten, ihn proaktiv beraten und unterstützen.

Kundenbeziehungs-Modell

Die Basis zur systematischen Gestaltung der Kundenbeziehung ist ein Kundenbeziehungs-Modell. Es strukturiert die Kundenanliegen und die Leistungen des Anbieters. Diese machen die Kundenbeziehung aus.

Prozessmodellierung

Der hier gewählte Ansatz zur Modellierung des Kundenverhaltens basiert auf einer Prozessmodellierung, die sowohl das Verhalten von Firmen wie auch von Privaten abbilden kann.

Möchte der Leser zuerst einen konkreten Einstieg, dann kann er als erstes das Fallbeispiel durchgehen, um darauf die weiteren Abschnitte durchzugehen. Bei Abschnitten, die stark ins Detail gehen und der Leser nicht an den Details interessiert ist, kann zum nächsten Abschnitt gesprungen werden.

2.1 Fallbeispiel: Der Hausbau

Das zentrale Beispiel dieses Kapitels soll der Bau eines Hauses sein. Unser potentieller Kunde möchte möglichst aktiv am Hausbau mitwirken; er möchte also nicht ein fertiges Haus kaufen. Sein erstes Anliegen gilt der Finanzierung. Dazu wird ihm von einer Bank ein Baukredit angeboten.

Das Fallbeispiel soll dem Zwecke dienen, die wesentlichen Aussagen dieses Kapitels anhand eines durchgehenden Beispieles darzustellen. Es ist in verschiedene Abschnitte unterteilt, um die Aussagen eines Kapitels jeweils direkt anschliessend zu konkretisieren. Trotzdem ist es möglich, das ganze Fallbeispiel zuerst unabhängig von den Abschnitten zu studieren. Der erste Teil des Fallbeispieles findet sich in Abschnitt 2.2.11.

2.2 Das Kundenbeziehungs-Modell

Das Kundenbeziehungs-Modell soll als systematische Grundlage für den Aufbau der Kundenbeziehung dienen, und ein einleitendes Beispiel soll uns bei der Erarbeitung der Grundelemente des Kundenbeziehungs-Modelles helfen.

2.2.1 Beispiel Steuererklärung

Die Erstellung einer Steuererklärung ist ein typischer Prozess, den natürliche und juristische Personen durchführen müssen. Eine solche Person braucht dazu eine Menge an Information über ihre eigene finanzielle Lage. Diese Informationen erhält sie unter anderem von ihren Banken, Versicherungen und im Falle eines Arbeitnehmers vom Arbeitgeber.

Auslöser dieses Prozesses ist das vom Staat zugestellte Steuererklärungsformular. Das ausgefüllte Steuererklärungsformular wiederum ist die von der Person erstellte Leistung.

Unsere Person kann diesen Prozess auf verschiedene Weisen durchführen. Sie kann ihn an einen Treuhänder (Steuerberater) delegieren, sie kann ihn selber durchführen, und sie kann alle Varianten dazwischen wählen. Sie hat aber auch die Möglichkeit, Hilfsmittel zu kaufen (beispielsweise ein Computerprogramm), die es ihr erlauben, das Ausfüllen der Steuererklärung einfacher zu gestalten. Weiter kann es sein, dass sie eine Unterstützung in Form von Beratung braucht – beispielsweise von einem Treuhänder.

Wesentlich für die Vereinfachung des Prozesses ist die Information, die unsere Person beispielsweise von den Finanzinstituten erhält. Ist diese Information schon in einer Form, die ein direktes Übertragen in das Formular erlaubt, dann stellt dies eine grosse Hilfe dar. Eine weitere Vereinfachung kann über die Automatisierung dieses Prozesses erreicht werden. Hat unsere Person eine Computerapplikation zur Verfügung, und können die von den Informationslieferanten benötigten Informationen automatisch eingelesen werden, wird eine weitere Erleichterung erzielt. Überdies bringen genaue Kenntnisse in Steuerbelangen zeitliche wie auch finanzielle Vorteile mit sich.

Dieses Beispiel zeigt, dass unsere Person ihren Prozess vereinfachen kann, indem sie Leistungen von diversen Anbietern bezieht. Als Anbieter fungieren Hersteller von Computerapplikationen, Finanzinstitute, Treuhänder, etc.

Die Leistungen, die unser Kunde beziehen kann, können unterteilt werden in solche, die Informationen liefern, die einen Teil des Prozesses übernehmen, die helfen, den Prozess einfacher durchzuführen, und die das Wissen liefern, wie der Prozess durchgeführt werden soll.

2.2.2 Das Prozessmodell

Das Prozessmodell hat die Aufgabe, das Anbieter- und das Kundenverhalten auf dieselbe Art zu modellieren, damit beide auf einer gemeinsamen Struktur zusammengebracht werden können.

Die Modellierung von Prozessen wird ausführlicher in Kapitel 2.3 'Die Prozessmodellierung' beschrieben. Die nachfolgenden Ausführungen sollen eine erste Einführung geben.

Bild 2.1: Symbol für Prozess und Leistung

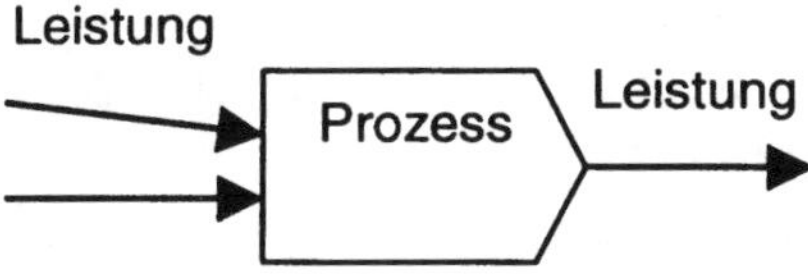

Die Leistungskette

Das Prozessmodell besteht aus Prozessen, die jeweils sowohl Leistungen produzieren als auch konsumieren. Über das Produzieren und Konsumieren von Leistungen bilden die Prozesse eine Leistungskette. Wird beispielsweise in einer Bäckerei ein Brot verkauft, dann muss dieses vorher aus Mehl und anderen Zutaten gebacken worden sein. Diese Zutaten wiederum mussten von Zulieferern produziert werden. Diese hatten wieder eigene Zulieferer, usw. Das Verkaufen, das Backen und das Produzieren von Zutaten sind alles Prozesse, welche zusammen eine Leistungskette bilden. Mit dem in Bild 2.1 dargestellten Symbol für Prozess und Leistung ergibt sich die in Bild 2.2 illustrierte Leistungskette für Backwaren.

Vertrag

Die Leistungskette zeigt, dass jeder Prozess zwei Rollen hat, die eines Produzenten (Anbieter) und die eines Konsumenten (Kunde). Diese Anbieter-Kunden-Beziehung basiert auf einer Übereinkunft bzw. einem Vertrag. Unter Vertrag soll hier jede Art von Vereinbarung zwischen Kunde und Anbieter verstanden werden, so auch eine implizite Vereinbarung wie beispielsweise beim Kauf eines Kleidungsstückes.

Bild 2.2: Beispiel einer Leistungskette

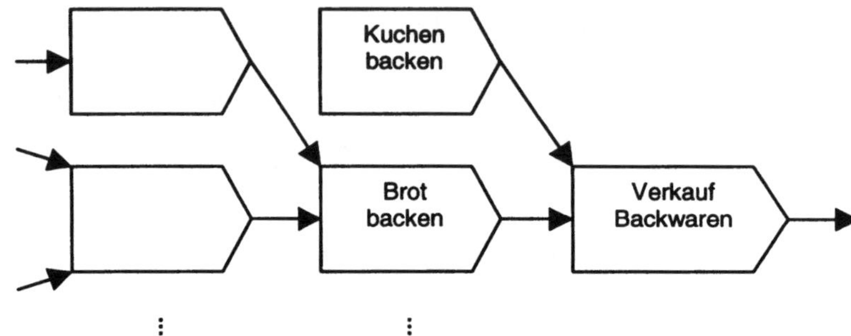

Ein Vertrag kommt über mehrere Aktivitäten zustande, welche auf Anbieter- wie auch auf Kundenseite stattfinden. Diese Aktivitäten machen einen grossen Teil der Kundenbeziehung aus. Sie werden im Folgenden näher diskutiert.

2.2.3 Die Kundenbeziehung

Die Aktivitäten auf Anbieter- und Kundenseite haben als erstes Ziel, den Vertrag über die Leistungserbringung abzuschliessen. Das darauffolgende Ziel ist die Leistungserbringung inklusive Support. Die Tätigkeiten auf Anbieter- und auf Kundenseite, welche zu diesen Zielen führen, machen die Kundenbeziehung aus.

Die Kundenbeziehung kann als Zyklus angesehen werden, der aus der Wertschöpfungskette ('Value Chain') des Anbieters und dem Kundenaktivitäts-Zyklus ('Customer Activity Cycle') des Kunden besteht.

Die Wertschöpfungskette eines Anbieters ist in Bild 2.3 dargestellt. Sie besteht aus der Entwicklung der Produkte und des Marktes, aus Beratung und Verkauf, aus Betrieb und Produktion und aus der Leistungserbringung.

Die so definierten Prozesse der Wertschöpfungskette sind sehr allgemein. Sie lassen sich in spezifischere Prozesse unterteilen. Der Prozess 'Beratung & Verkauf' beispielsweise wird anhand der Produktunterteilung in spezifischere Prozesse aufgeteilt. Bei einer Bank, die Kredit- und Handelsprodukte (Aktien, Derivate, etc.) verkauft, unterteilt sich der Prozess 'Beratung & Verkauf' in 'Beratung & Verkauf Kreditprodukte' und in 'Beratung & Verkauf Handelsprodukte'. Vollständigkeitshalber sind in Bild 2.3 auch einige Supportprozesse dargestellt, die die Wertschöpfungsprozesse unterstützen.

Der Kundenaktivitäts-Zyklus, vereinfacht dargestellt in Bild 2.4, besteht erstens aus dem Suchen nach einer Leistung bzw. Produkten und dem entprechenden Anbieter, zweitens aus dem Verhandeln (möglicherweise mit dem Abschliessen eines Vertrages) und drittens aus dem Benutzen.

Bild 2.3: Wertschöpfungsprozesse

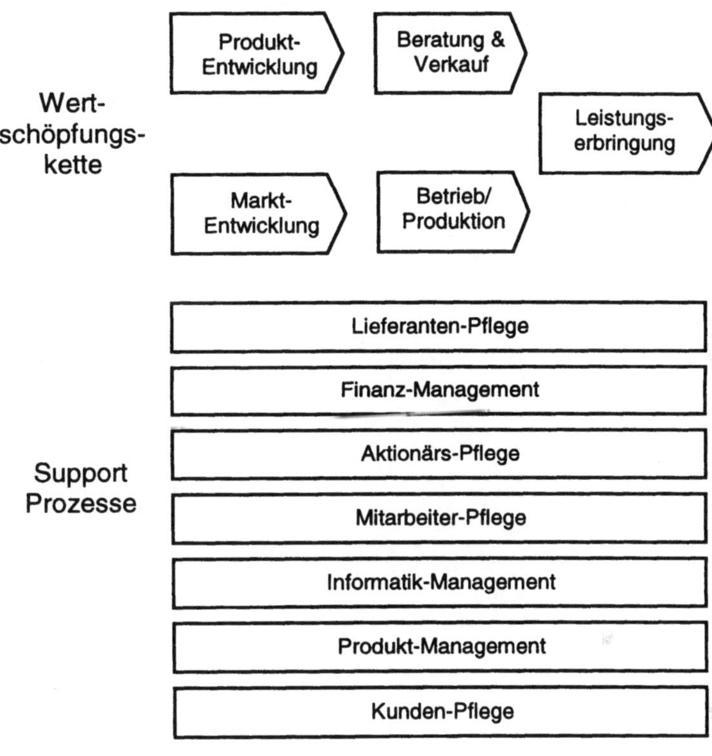

Es sind Bedürfnisse, die den Kunden zum Suchen nach Leistungen veranlassen. Hat er Anbieter gefunden, dann gibt er seine Bedürfnisse bekannt. Von Anbietern erhält er Angebote und Informationen. Die braucht er, um mit dem Anbieter zu verhandeln und einen Vertrag auszuarbeiten. Die Leistung erhält er auf Basis des Vertrages.

Kundenkontaktpunkte

Die Wertschöpfungskette und der Kundenaktivitäts-Zyklus sind komplementär und bilden über die Kundenkontaktpunkte ('Points of Contacts') die Kundenbeziehung. Es ist die Aufgabe des Anbieters, seine Wertschöpfungskette optimal über die Kundenkontaktpunkte auf den Kundenaktivitäts-Zyklus seines Kunden auszurichten.

Bild 2.4:
Kundenaktivitäts-Zyklus

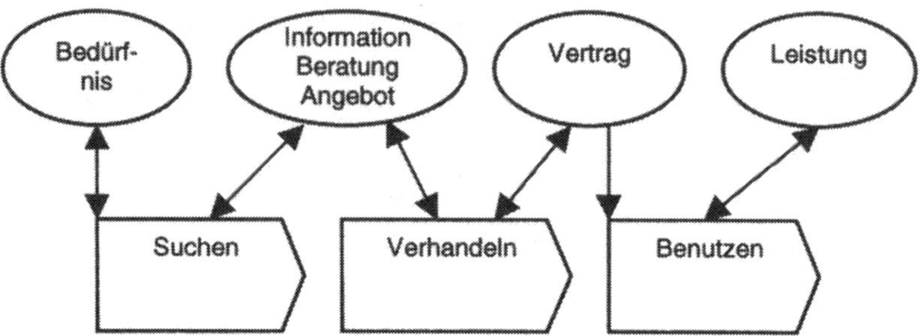

Bild 2.5 illustriert das Modell der Kundenbeziehung basierend auf der Wertschöpfungskette und dem Kundenaktivitäts-Zyklus. Von den Prozessen der Wertschöpfungskette sind nur diejenigen Prozesse beteiligt, die einen direkten Bezug zum Kunden besitzen.

Bild 2.5:
Modell der Kundenbeziehung

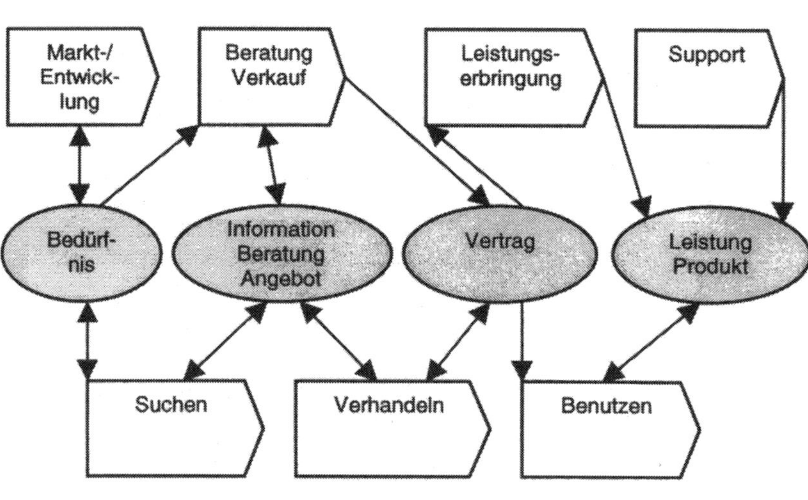

Zu Beginn steht das Bedürfnis nach einer Leistung. Es kann wiederkehrend sein wie das Bedürfnis nach Essen, oder es kann singulär von einem Ereignis ausgelöst werden. Es veranlasst den Kunden, nach einer Leistung zu suchen, mit der das Bedürfnis befriedigt werden kann. Auf der Anbieterseite werden die Bedürfnisse vom Prozess 'Marktentwicklung' aufgenommen und analysiert, damit entsprechende Produkte entwickelt werden können.

Kundenbeziehungs-Phasen

Das Suchen nach einer Leistung, die das Bedürfnis befriedigt, kann zu einer sehr mühsamen Angelegenheit für den Kunden werden. Er muss erstens nach der Leistung suchen, die sein Bedürfnis befriedigt, und zweitens nach einem Anbieter, der diese Leistungen liefern kann. Für diesen ist es wesentlich, dass der Kunde ihn findet. Er macht mit allgemeinen Informationen auf sich aufmerksam (Werbung). Hat der Kunde einen Anbieter gefunden, dann erhält er spezifische Informationen und Angebote. Diese werden auf der Anbieterseite vom Prozess 'Beratung & Verkauf' geliefert. Ist der Kunde weiterhin interessiert, dann beginnt das Verhandeln. Ziel des Verhandelns ist der Abschluss eines Vertrages. Dieser ist die Ausgangsbasis für die Leistungserbringung. Der Kunde kann nun die gelieferte Leistung nutzen. Sollte er bei der Benutzung Probleme haben, dann fordert er Unterstützung an, die ihm vom Prozess 'Support' geliefert wird.

Die Kundenbeziehung kann aufgrund dieser Aktivitäten in eine Bedürfnis-, eine Such-, eine Verhandlungs- und eine Leistungsphase unterteilt werden.

Kundenbeziehung ist Informationsaustausch

Wie Bild 2.5 zeigt, besteht die Kundenbeziehung bis auf die Lieferung der Leistung ausschliesslich aus dem Austausch von Informationen. Sogar die Lieferung der Leistung kann eine reine Lieferung von Information sein. Dies lässt uns die dominante Rolle erkennen, die die Information in der Kundenbeziehung spielt.

Anliegen und Leistung

Zusammenfassend kann die Kundenbeziehung beschrieben werden als ein Zusammenspiel von Kundenanliegen und Anbieterleistung. Unter Anbieterleistung soll im weiteren jegliche Reaktion des Anbieters verstanden werden, die von einem Anliegen ausgelöst wird; beispielsweise eine Auskunft, ein Angebot oder die Behandlung einer Beschwerde.

2.2.4 Das Anliegen des Kunden

Hinter dem Anliegen des Kunden steht eine Absicht, die ihn veranlasst, sein Anliegen bekanntzugeben. Die Absicht ist ein wichtiger Aspekt des Anliegens, und sie lässt uns auf die Erwartungshaltung des Kunden schliessen; wissen wir die Absicht, dann wissen wir, was er erwartet. Hat der Kunde beispielsweise eine Beschwerde, dann wissen wir, dass er eine Erklärung erwartet. Damit kann der Anbieter die in Frage kommenden Leistungen stark einengen.

Klassen von Anliegen

Die Absichten lassen sich folgendermassen in Klassen unterteilten:

- Frage: Der Kunde möchte eine Information (Auskunft) vom Anbieter oder eine Beratung.
- Bedürfnis: Der Kunde hat ein Bedürfnis und möchte eine Leistung des Anbieters.

- Bestellung einer Leistung: Der Kunde möchte eine Leistung des Anbieters bestellen. Damit kauft er diese Leistung.
- Leistung nutzen: Der Kunde möchte eine Leistung benutzen, die er bezogen hat.
- Beschwerde: Der Kunde hat eine Beschwerde und möchte, dass sich der Anbieter dieser Beschwerde annimmt.
- Problem: Der Kunde hat ein Problem. Er möchte, dass ihn der Anbieter berät und das Problem löst.
- Mitteilung: Der Kunde hat eine Mitteilung. Er möchte den Anbieter über eine für ihn relevante Tatsache informieren (beispielsweise eine Adressänderung).

Die Grenzen zwischen diesen Klassen sind fliessend. Ein Anliegen kann zu mehr als einer Klasse gehören. In der Mathematik gibt es die Disziplin 'Fuzzy Sets and Logic', die in der Lage ist, derartige Beziehungen zu formulieren. Sie teilt der Zugehörigkeit einen bestimmten Betrag zu. Ist dieser Betrag gleich 1, dann gehört das Anliegen nur zu dieser Klasse. Zwischen 0 und 1 sind alle Werte möglich.

2.2.5 Die Leistung des Anbieters

Informationsfluss

Leistungen bilden die Schnittstelle zwischen Anbieter und (potentiellen) Kunden. Leistungen bestehen zum grossen Teil aus Information, die vom Anbieter zum Kunden fliesst. Es gibt Leistungen, für die der Anbieter explizit vom Kunden bezahlt wird, und solche, die Vorleistungen oder begleitende Leistungen darstellen. Ist der Kunde erst ein potentieller Kunde, dann ist es möglich, dass es bei Vorleistungen bleibt. Die Art der Leistung des Anbieters unterscheidet sich in den verschiedenen Phasen der Kundenbeziehung (Bild 2.5).

In der Suchphase erhält der potentielle Kunde Angebote des Anbieters. Auch informiert der Anbieter ganz allgemein über seine Leistungen und sich selber.

In der Verhandlungsphase besteht die Leistung des Anbieters aus Informationen über seine Produkte und aus Angeboten.

In der Benutzungsphase erhält der Kunde die eigentliche Leistung, zusätzlich Beratung und Unterstützung.

Produkt- und Hilfsleistungen

Der Begriff Leistung wird hier als irgend eine beliebige Aktion des Anbieters nach aussen verstanden. Leistungen, welche ertragsrelevant sind, d.h. explizit bezahlt werden, basieren auf Produkten und sollen Produktleistung genannt werden. Alle anderen Leistungen zielen mehr oder weniger direkt auf die Produktleistungen ab, indem sie versuchen, diese zu vereinbaren oder zu erhalten. Man kann sie als begleitende oder als Hilfsleistungen bezeichnen.

2.2.6 Die Produktleistung

Die Produktleistung ist die zentrale und für die Modellierung treibende Leistung, welche von den Hilfsleistungen begleitet wird. Bei der Modellierung der Kundenprozesse sollten wir uns somit zunächst auf die Modellierung der Produktleistungen konzentrieren.

Die Produktleistungen sind unterschiedlicher Natur. Man kann die Arten Investitionsleistung, Dienstleistung und Zulieferleistung unterscheiden. Diese verschiedenen Leistungsarten sollen mit einem Prozessmodell eingehender untersucht und charakterisiert werden.

Bild 2.6: Agent und Prozessobjekt eines Prozesses

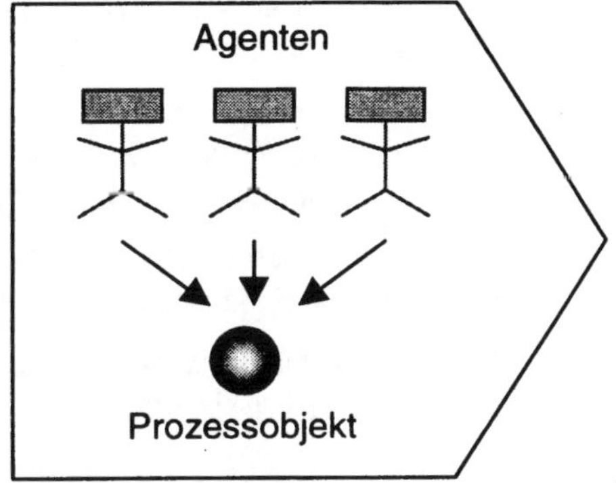

Bild 2.6 zeigt das Prozessmodell. Ein Prozess besteht aus einem oder mehreren aktiven Elementen, die Agenten genannt werden sollen. Sie wirken auf das Prozessobjekt, welches das passive Element des Prozesses darstellt. Agenten sind Menschen oder Maschinen in einer bestimmten Rolle. Beispielsweise ist ein Steuerexperte ein Mensch in einer (ganz klar) definierten Rolle. Ein Prozessobjekt kann irgend etwas sein, das im weitesten Sinne bearbeitet wird. Es kann eine Maschine sein, die erstellt oder repariert wird; ebenso ein Mensch, der operiert wird; oder ein Konsumprodukt, das produziert wird.

Prozessbesitzer

Jede Leistung eines Agenten bezieht sich auf das Prozessobjekt. Das fertig bearbeitete Prozessobjekt ist die Leistung, die vom Prozess erzeugt wird. Leistungen können wie Anliegen klassifiziert werden. Die Besitzfrage betreffend des Prozesses und des Prozessobjektes ist wesentlich für die Klassifikation der Leistungen. Wir definieren als den Besitzer des Prozesses denjenigen, der das Prozessobjekt besitzt. Damit können wir folgende Leistungen unterscheiden:

Eigenleistung

Ein Agent, der dem Besitzer gehört, erbringt eine Eigenleistung. Dieser Agent kann nur eine Maschine sein oder der Besitzer selber (da die Sklaverei abgeschafft worden ist); ein Mensch kann nicht einen anderen Menschen besitzen.

Investitionsleistung

Kauft der Besitzer einen Agenten, dann investiert er in seinen Prozess. Er bezieht damit eine Investitionsleistung vom Anbieter. Er kann in einen Agenten investieren oder in einen Teil davon.

Dienstleistung

Mietet der Besitzer einen Agenten, von dem er eine Leistung innerhalb seines eigenen Prozesses erhält, dann bezieht er eine Dienstleistung. Der Anbieter liefert als Agent eine Leistung innerhalb des Prozesses. Die Leistung gehört dem Besitzer. Der Besitzer zahlt für die Leistung – damit für die Nutzung des Agenten. Er zahlt nicht für den Agenten.

Zulieferleistung

Bezieht der Besitzer eine Leistung, die von einem anderen Prozess stammt, und die von seinen Agenten bearbeitet und zum Prozessobjekt (oder zu einem Teil davon) wird, dann bezieht der Besitzer eine Zulieferleistung.

Diese Definitionen sollen anhand je eines Beispieles aus dem Waren-, Verkehrs- und Finanzbereich verifiziert werden.

Beispiel Warenbereich:

Unser Kunde hat das Bedürfnis, Brot zu essen. Er hat verschiedene Möglichkeiten, sein Ziel zu erreichen.

Erstens kann er den Brotback-Prozess selber ausführen. Dazu braucht er Leistungen von anderen Prozessen. So braucht er beispielsweise Mehl und Salz. Weiter braucht er Werkzeuge und Maschinen. Aber er braucht auch Energie und Zeit. Zudem braucht er das Wissen, wie Brot zu backen ist. Da das Brot das Prozessobjekt ist, ist er Besitzer des Prozesses. Das Mehl ist eine Zulieferleistung. Die Maschinen sind Agenten. Auch Menschen in bestimmten Rollen sind Agenten. Da in diesem Fall alle Agenten dem Prozessbesitzer gehören, werden nur Eigenleistungen erzeugt.

Zweitens kann er diesen Prozess auslagern, indem er ihn von jemand anderem ausführen lässt. Er kauft die Leistung, in diesem Falle die Leistung in Form eines Brotes. Er ist damit nicht Besitzer des Prozesses, da das Prozessobjekt ihm erst gehört, wenn es fertig produziert worden ist. Er ist ein reiner Konsument einer Zulieferleistung.

Drittens kann er einen Teil des Prozesses auslagern, indem er ein vorgebakkenes Brot kauft. Bevor er das Brot essen kann, muss er den Prozess noch zuendeführen, indem er das Brot in den Ofen schiebt und fertig bäckt. Hier ist er Besitzer eines Teils des Prozesses. Der grösste Teil des Prozesses ist ausgelagert und gehört ihm nicht. Er bezieht eine Zulieferleistung.

Viertens kann er eine Backmaschine kaufen oder mieten. Mit Hilfe dieser Maschine führt er den Prozess selber durch. Im Falle des Kaufes bezieht er eine Investitionsleistung, im Falle des Mietens eine Dienstleistung.

Einen erwähnenswerten und eigenen Fall stellt geliefertes Wissen dar, das für die Durchführung des Prozesses gebraucht wird. Wir sehen bezogenes Wissen als eine Investition an. Es wird zu einem Teil des Agenten, der das Wissen erwirbt und anwendet.

Bild 2.7 stellt die verschiedenen Fälle dar. Bild 2.7a zeigt den ersten, Bild 2.7b den zweiten, Bild 2.7c den dritten und Bild 2.7d den vierten Fall. Die im Bild 2.7 getönten Prozesse gehören unserem Kunden. Wie man erkennt, unterscheidet sich die Symbolik zwischen der Zulieferleistung und der Investitionsleistung – bei der Investitionsleistung reicht der Pfeil bis in den Prozess hinein. Eigenleistungen sind Leistungen innerhalb des Prozesses und sind in Bild 2.7 nicht dargestellt.

Bild 2.7: Warenleistungen

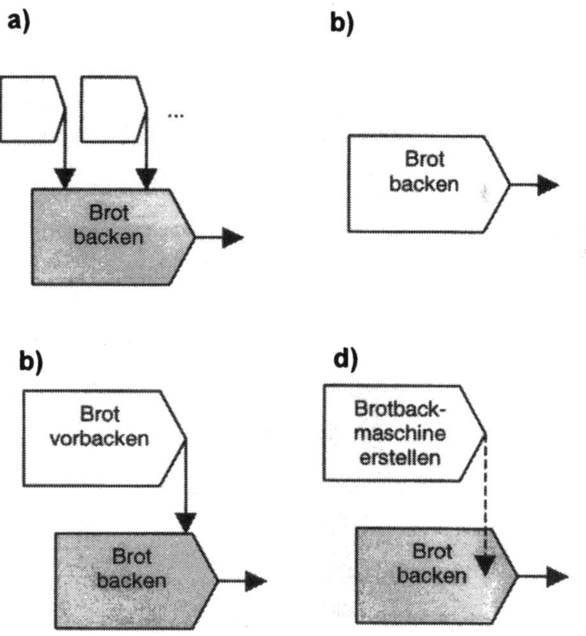

Beispiel Verkehrsbereich:

Unser Kunde möchte eine Reise unternehmen. Auch hier hat er viele verschiedene Möglichkeiten. In jedem Falle ist er selber das Prozessobjekt, da er 'bearbeitet' wird; der Prozess gehört also ihm.

Eine erste Reisemöglichkeit ist, die Leistung selber zu erbringen. Dazu braucht er seinen eigenen Bewegungsapparat oder ein Fahrzeug wie ein Velo oder Auto. Er braucht aber auch Informationen und kauft sich beispielsweise eine Strassenkarte. Da er die Leistung selber erbringt, erzeugt er eine Eigenleistung. Die bezogene Karte stellt eine Investition dar.

Eine zweite und einfachere, aber möglicherweise teuere Art ist, ein Taxi zu bestellen, das ihn vom Wohnort ans Ziel bringt. Der Prozess gehört ihm. Die Leistung, die er bezieht, ist eine Dienstleistung, da der Agent (das Taxi mit Fahrer) ihm nicht gehört.

Eine dritte Möglichkeit ist, öffentliche Verkehrsmittel zu benutzen. Hier bezieht er einerseits auch gewisse Dienstleistungen. Er produziert aber auch Eigenleistungen. Er benutzt vielleicht die Strassenbahn und die Bahn. Er muss von einem Verkehrsmittel zum anderen umsteigen; eine Leistung, die er selbst beiträgt. Die Bahn erbringt eine Dienstleistung.

Natürlich hat er auch die Möglichkeit, ein Auto zu kaufen oder eines zu mieten. Er bezieht damit eine Leistung, die ihm hilft, seine Reiseleistung zu erbringen. Im Falle des Kaufes bezieht er eine Investitionsleistung, im Falle des Mietens eine Dienstleistung.

Bild 2.8 stellt wieder die verschiedenen Fälle dar. Fall a) entspricht der ersten Art, Fall b) der zweiten und dritten, und Fall c) der letzten Art.

Bild 2.8: Verkehrsleistungen

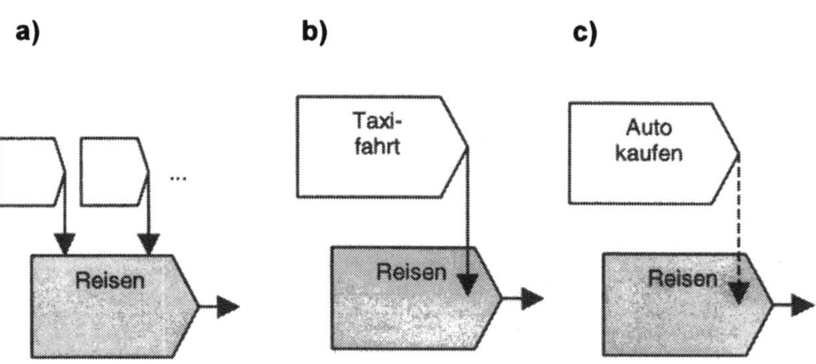

Zu den Klassen der Leistungen des ersten Beispieles kommt die Dienstleistung dazu. Wir haben es mit Zulieferleistungen, Dienstleistungen und Investitionsleistungen zu tun. Eine Dienstleistung wird innerhalb des Prozesses geleistet, deshalb wird als Symbol ein Pfeil gewählt, der in den Prozess hineinreicht.

Beispiel Finanzbereich:

Als Beispiel aus dem Finanzbereich soll das schon bekannte Beispiel der Steuererklärung beigezogen werden. Unser Kunde hat das (aufgezwungene) Bedürfnis, seine Steuererklärung auszufüllen. Dieser Prozess gehört ihm, da ihm das Steuerformular gehört.

Eine erste Variante ist, alles selber zu erledigen. Hierzu braucht er prozessfremde Leistungen (Leistungen von externen Prozessen) wie Informationen seines Arbeitgebers oder seiner Finanzinstitute. Da der Prozess ihm selber gehört, bezieht er Zulieferleistungen.

Eine zweite Variante ist, den ganzen Prozess einem Treuhänder zu überlassen. Unser Kunde bezahlt für die Leistung, die aus der ausgefüllten Steuererklärung besteht. Er kommt aber nicht umhin, gewisse Informationen selber zu liefern. Diese musste er übrigens auch beim vorhergehenden Beispiel liefern (das Fahrziel), sollte er sich mit dem Taxi transportieren lassen. Bei dieser Variante bezieht er eine Dienstleistung.

Eine dritte Variante ist, ein Hilfsmittel in Form eines Computers und eines Programmes zu erwerben und damit den Prozess durchzuführen. Hier bezieht der Kunde eine Investitionsleistung.

Bild 2.9a zeigt die erste, Bild 2.9b die zweite und Bild 2.9c die dritte Variante. Auch in diesem Beispiel kommen die verschiedenen Arten von Leistungen vor.

Bild 2.9: Finanzleistungen

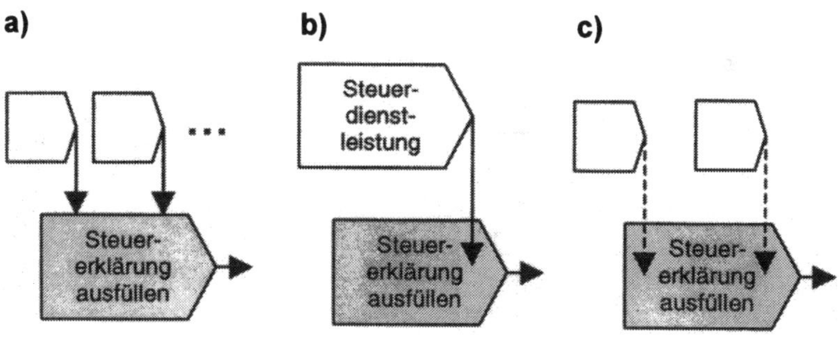

Bild 2.10:
Arten von Leistungen

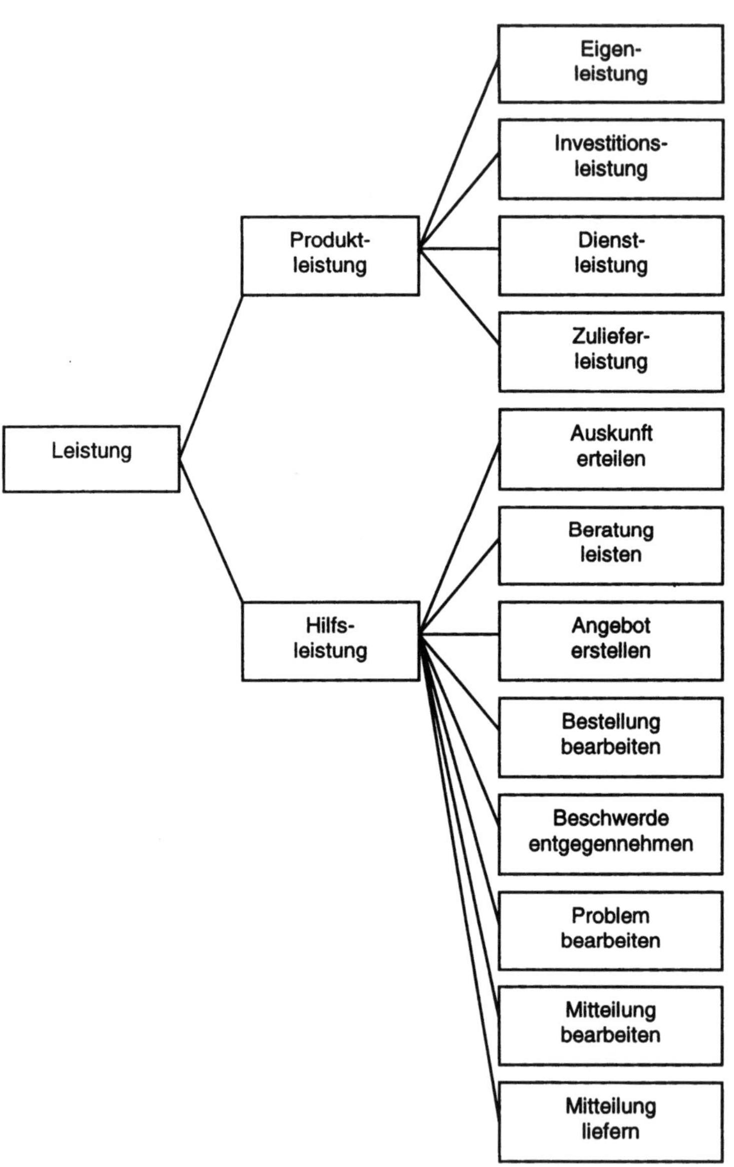

2.2.7 Arten von Leistungen

Neben der Produktleistung gibt es verschiedene Arten von Hilfsleistungen. Die Leistungen müssen auf die Anliegen abgestimmt sein, da jedes Anliegen zu einer Leistung korrespondiert. Damit können die verschiedenen Arten von

Anliegen zur Klassifikation der Leistungen benutzt werden. Aufgrund der in Kapitel 2.2.4 beschriebenen Arten von Anliegen ergeben sich die folgenden Leistungsarten:

- Auskunft erteilen: Der Anbieter gibt Auskunft auf eine Frage.
- Beratung leisten: Der Anbieter berät den Kunden über ein spezifisches Produkt.
- Angebot abgeben: Der Anbieter erstellt ein Angebot aufgrund eines Kundenbedürfnisses.
- Bestellung bearbeiten: Der Anbieter nimmt die Bestellung entgegen. Er liefert darauf, wenn nötig, den Vertrag.
- Produktleistung liefern: Der Anbieter liefert die eigentliche Leistung, die bezahlt wird.
- Beschwerde entgegennehmen: Der Anbieter bearbeitet die Beschwerde und gibt Erklärungen ab.
- Problem bearbeiten: Der Anbieter nimmt sich des Problems an und versucht es zu lösen.
- Mitteilung bearbeiten: Der Anbieter nimmt die Mitteilung des Kunden entgegen und bearbeitet sie.
- Mitteilungen liefern: Der Anbieter macht den Kunden auf etwas aufmerksam oder liefert ihm eine Information.

Damit ergibt sich die in Bild 2.10 dargestellte Leistungsklassifikation (Taxonomie).

Hier gilt wieder die gleiche Anmerkung wie bei den Anliegen: Die verschiedenen Leistungsarten haben zueinander fliessende Grenzen, und damit kann nicht jede Leistung eindeutig einer Klasse zugeordnet werden. Ein Beispiel sind die Klassen 'Problem bearbeiten' und 'Beschwerden entgegennehmen'. Unsere Unterscheidung ist, dass bei Beschwerden nur noch versucht werden kann, den Schaden zu begrenzen, während bei Problemen der Schaden ggf. behoben werden und damit das Problem gelöst werden kann.

2.2.8 Interaktion zwischen Kunde und Anbieter

Leistung und Anliegen

Die Interaktion zwischen Kunde und Anbieter besteht aus der Formulierung von Anliegen auf der Kundenseite und der Lieferung von Leistungen auf der Anbieterseite. Die "Kunst der Kundenbeziehung" ist die optimale Zuordnung der Leistung zum Anliegen. Dies gilt ebenso für den persönlichen Kundenberater als auch für die elektronische Kundenintegration. Die optimale Zuordnung der Leistung zum Anliegen setzt vor allem die Identifizierung (das Verstehen) des Anliegens voraus. In Kapitel 3 soll gezeigt werden, wie erstens Kundenanliegen elektronisch verstanden werden können, und wie zweitens darauf aufbauend die entsprechende Leistung gefunden werden kann.

2.2.9 Leistung und Kompetenz

Leistung und Kompetenz (Wissen) bilden eine Einheit. Leistung ist nur aufgrund von Kompetenz möglich. Die einer Leistung zugrundeliegende Kompetenz ist für den Kunden von unterschiedlicher Relevanz, je nach Art der Leistung:

Die genaue Kompetenz, die hinter einer Zulieferleistung steht, ist für den Kundenprozess nur von zweitrangiger Bedeutung, da der Kunde vor allem die Leistung will und nicht das dahinter stehende Wissen.

Anders sieht es bei einer Investitionsleistung aus. Der Kunde kauft mit einer Investition gleichzeitig explizit Wissen ein, welches er in seinem Prozess benötigt. Er ist auf dieses Wissen angewiesen.

Ähnlich liegen die Dinge bei einer Dienstleistung. Der Dienstleister wendet sein Wissen an, um im Kundenprozess einen Leistungsbeitrag zu liefern. Dieses Wissen ist aber Teil des Dienstleisters.

Kompetenz-Risiko

Bei einer Investitions- und Dienstleistung hat der Kunde dem Kompetenzaspekt besondere Beachtung zu schenken. Er hat ein grosses potentielles Kompetenz-Risiko. Beispielsweise über die Kompetenz von Mitarbeitern - Mitarbeiter liefern Dienstleistungen, da sie nicht der Firma gehören, sondern nur ihre Leistung – lohnt es sich zu diskutieren. Mitarbeiter sind Kompetenzträger. Verlassen sie die Firma, dann nehmen sie ihre Kompetenz mit. Pikant ist in diesem Zusammenhang auch die Frage, wem die Kompetenz gehört, die der Mitarbeiter bei der Firma erworben hat. Nach unseren Definitionen gehört die Kompetenz ganz klar dem Mitarbeiter.

Anders sieht es bei elektronischem Wissen aus. Der Träger, die Maschine, gehört der Firma. Damit kann sich das Wissen nicht ausserhalb der Firma selbstständig machen. Eine Firma hat mittels Elektronisierung von Kompetenz die Möglichkeit, ihr Kompetenz-Risiko entscheidend zu senken.

Oft aber verursachen die Firmen selber ein hohes Kompetenz-Risiko, indem sie ihre Prozesse und Leistungen schlecht definieren. Beispielsweise scheint es insbesondere bei grossen Firmen Probleme in der Informatik zu geben. Die Versuchung ist deshalb gross, Teile der Informatik auszulagern. Beispiele zeigen jedoch, dass durch die Auslagerung die Probleme unter Umständen noch vergrössert werden können.

Was sind die Folgen einer Auslagerung der Informatik?

Kompetenz verlieren

Die Leistungen der Informatikabteilungen sind Investitionsleistungen in Form von Lieferung von Systemen und Dienstleistungen und von Unterhalt und Beratung. Bei beiden Leistungen wird die dahinterstehende Kompetenz Teil der belieferten Prozesse. Durch die Auslagerung wird ein grosser Teil der Kompetenz des Unternehmens in eine andere Firma ausgelagert. Die Kompetenz geht nicht unmittelbar verloren, da die Mitarbeiter immer noch für das Unternehmen arbeiten. Aber diese Kompetenz ist weniger gut kontrollierbar; das Kompetenz-Risiko hat sich erhöht.

Kompetenz kopieren

Eine Auslagerung kann aber auch anders durchgeführt werden, indem man neu eine Zulieferleistung bezieht. Beispielsweise kann ein Teil des Prozesses an eine andere Firma ausgelagert werden. Ihr wird einerseits das dazu notwendige Know How (Kompetenz) gegeben, andrerseits behält man das Know How aber gleichzeitig. Man kopiert die Kompetenz und lagert sie damit nicht aus. Man lagert nur einen Teil des Prozesses aus. Das Zulieferunternehmen produziert damit eine Zulieferleistung. Ein solches Vorgehen kann einem Unternehmen Vorteile bringen wie höhere Flexibilität, insbesondere, wenn die Kompetenz dauernd weiterentwickelt wird.

Entwicklung der Kompetenz

Behält eine Firma die Kompetenz des Prozesses, dann ist gleichzeitig die Auslagerung von Teilen eines Kernprozesses gut möglich. Wesentlich ist jedoch, dass die Weiterentwicklung der Kernkompetenz gesichert ist. Bei einer Auslagerung von Prozessteilen ist im Zeitalter der Information und des Wissens wesentlich, dass derjenige die Kontrolle hat, der das Wissen besitzt.

2.2.10 Generalunternehmung und virtuelle Firmen

Es kann für einen Kunden mühsam sein, mit vielen verschiedenen Lieferanten umgehen zu müssen – er will die Leistung aus einer Hand. Er möchte die verschiedenen Leistungen, die er braucht, um seinen Prozess ausführen zu können, vom gleichen Anbieter als eine einzige Leistung beziehen. Der Kunde möchte als Anbieter einen Generalunternehmer. Bild 2.11 stellt diesen Fall dar.

Die Lieferanten (Unterlieferanten) stehen mit dem Generalunternehmen in Beziehung, das dem Kunden alle Leistungen liefert. Ein typischer Fall ist der Bau eines Hauses. Hier wirkt der Architekt oft als Generalunternehmer. Die Beziehung zwischen Kunde und Generalunternehmer ist aufgrund der umfassenden Leistung sehr eng und intensiv.

Es ist auch denkbar, dass sich verschiedene Anbieter partnerschaftlich zu einem virtuellen Unternehmen zusammenschliessen, damit der Kunde möglichst viele der Leistungen aus einer Hand erhält. Dies verstärkt die Kundenbeziehung und damit die Kundenbindung.

Bild 2.11:
Generalunternehmen

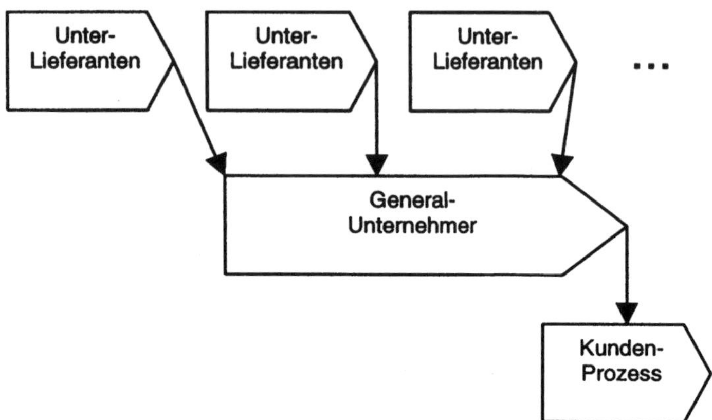

2.2.11 Fallbeispiel: Der Hausbau

Dieser Abschnitt ist die Fortsetzung des ersten Teiles unseres Fallbeispieles (Kapitels 2.1).

Bild 2.12 zeigt den Kundenprozess 'Haus bauen' und den Prozess der Bank 'Hypothek erstellen'. Die von der Bank gelieferte Leistung ist die Finanzierung des Hauses mittels einer Hypothek. Das Bedürfnis des Kunden ist das Haus. Die Finanzierung ist nicht sein primäres Bedürfnis, sondern nur ein abgeleitetes. Er will ja nicht eine Finanzierung, sondern er braucht eine Finanzierung, damit er sein Bedürfnis nach einem Haus befriedigen kann.

Bild 2.12:
Prozessdarstellung

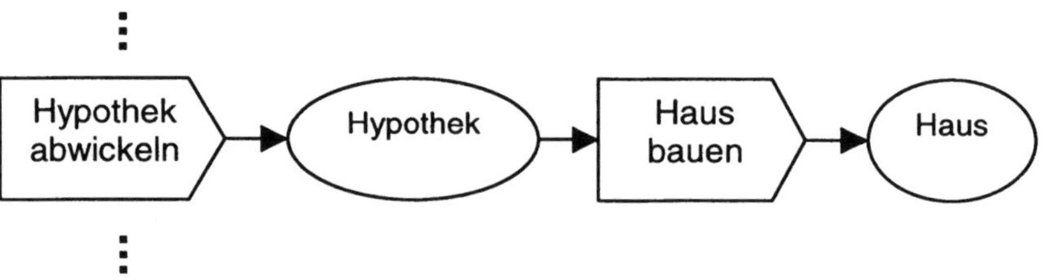

Bevor es zur Finanzierung kommt, hat der Kunde sein Bedürfnis nach einem Haus formuliert. Er hat sich informiert, hat sich beraten lassen, hat Angebote erhalten, hat verhandelt und hat den Vertrag unterschrieben (Bild 2.13).

Die Bank nimmt das Bedürfnis ihres Kunden auf. Sie liefert ihm eine allgemeine Beratung mit dem Ziel, ein bedürfnisgerechtes Produkt zu finden; in unserem Falle eine Hypothek (Baukredit). Die produktspezifische Beratung liefert Information und Beratung über das vorgeschlagene Produkt - die Hypothek -, passt es den Kundenbedürfnissen an und unterbreitet Angebote. Die Bank handelt mit ihm den Vertrag aus und liefert die Hypothek als Leistung. Sie gibt ihm Informationen über den Kontostand, liefert steuergerecht aufbereitete Informationen, hilft ihm bei Problemen, nimmt Beschwerden entgegen und berät ihn bei der Benutzung der Leistung. Weiter macht sie Verbesserungsvorschläge, sollten sich beispielsweise die Konditionen ändern.

Bild 2.13: Modellierung der Kundenbeziehung

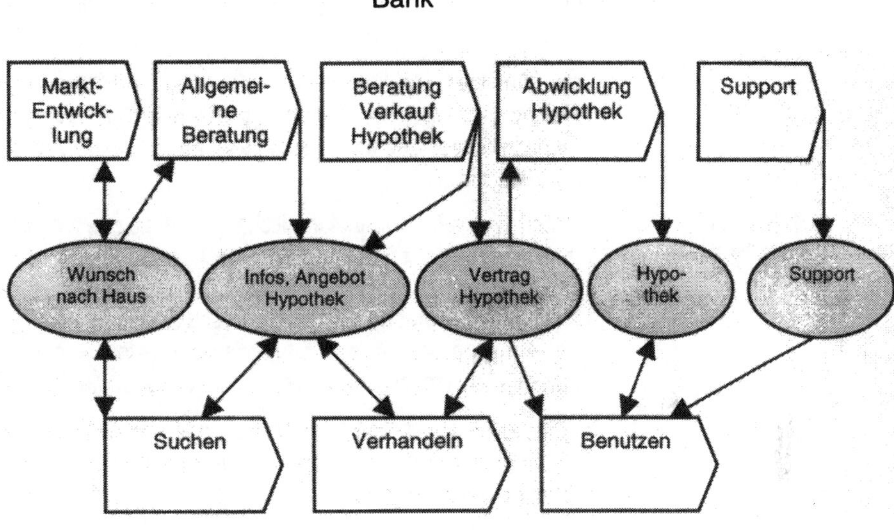

Das Fallbeispiel findet seine Fortsetzung in Kapitel 2.3.10.

2.3 Die Prozessmodellierung

2.3.1 Motivation

Kundenbedürfnisse bestimmen die Leistungsangebote; jeder Anbieter muss also Marktforschung betreiben und 'seine' Kunden und deren Bedürfnisse kennenlernen. Das systematische Kennenlernen des Kunden und dessen Bedürfnisse soll im folgenden über die Modellierung der Prozesse des Kunden erreicht werden.

Kundenprozesse kennen

Wir gehen davon aus, dass, wenn der Anbieter wissen will, welche Leistungen er wie anbieten möchte, er die Prozesse der (potentiellen) Kunden kennen muss. Will beispielsweise ein Anbieter von Informatiklösungen seine Anwendungen Versicherungsunternehmen anbieten, so kann er dies nur, wenn er deren Prozesse kennt, die er ja mit seinen Systemen unterstützen möchte. Das gleiche gilt für den Anbieter von Maschinen.

Aber nicht nur der Anbieter von Investitionsleistungen, auch der Anbieter von Zulieferleistungen muss die Kundenprozesse genauestens kennen, damit er die Anforderungen des Kunden optimal trifft.

Noch offensichtlicher gilt dies für Anbieter, die vom Kunden ausgelagerte Prozesse oder Teile davon übernehmen. Sie müssen den Kundenprozess genau kennen, da sie ihn ja vom Kunden übernehmen und selber ausführen möchten.

Ein Anbieter sollte aber nicht nur die gegenwärtigen Prozesse seiner Kunden kennen, er sollte dem Kunden auch neue Prozesse und Prozessverbesserungen vorschlagen können. Ein schönes Beispiel ist die elektronische Kundenintegration.

Zeigen von Opportunitäten

Will ein Anbieter von elektronischen Kundenbeziehungssystemen seine Produkte vertreiben, dann muss er in der Lage sein, den elektronischen Kundenbeziehungsprozess zu beschreiben. Er muss über die Vorteile, die Opportunitäten, den Aufbau und die organisatorische Einbettung Bescheid wissen. Auch muss er intensive Beratungsleistung liefern können. Er muss also dem Kunden den Prozess zuerst verkaufen, bevor er die Systeme verkaufen kann.

Dies gilt insbesondere für Anbieter von innovativen Produkten. Der Kunde erwartet hier vom Anbieter, dass dieser ihm die neuen Möglichkeiten und Perspektiven zeigt. Dies ist eine konstruktive Art der Generierung von Kundenbedürfnissen.

Aus diesen Gründen ist es sinnvoll, das Kundenverhalten durch ein Prozessmodell zu beschreiben. Es soll hier explizit hervorgehoben werden, dass nicht nur das Verhalten des Firmenkunden, sondern auch dasjenige des Privatkunden mittels eines Prozessmodelles beschrieben werden soll.

2.3.2 Arten von Geschäftsmodellen

Die prozessorientierte Modellierung von Geschäftsabläufen hat sich in den letzten Jahren in vielen Firmen etabliert. Man darf sicher von einem Durchbruch sprechen, der durch das 'Business Process Reengineering' (BPR) mit all seinen Varianten erreicht wurde. Es kam zu einer phänomenalen Akzeptanz des BPR. Gewissermassen reflektiert dies die Schwierigkeiten und Frustrationen, die viele Firmen mit ihrer internen Organisation haben (schwerfällige Abläufe, Doppelspurigkeiten, etc.).

Das Ziel des BPR ist, die aktuellen Herausforderungen wie höhere Produktivität, höherer 'Service Level', stärkere Kundenorientierung und schnellere Durchlaufzeiten zu meistern.

Unzählige Bücher und Artikel wurden über BPR geschrieben. Die grundlegenden Prinzipien von BPR sind allgemein bekannt, deshalb sollen hier nur einige Punkte angeschnitten werden.

Business Process Reengineering

BPR nach M. Hammer [5] ist "the fundamental rethinking and radical redesign of business processes to bring about dramatic improvement in performance". Andere Autoren betonen vor allem die Transformation des Unternehmens. Davenport, zum Beispiel [2], verlangt nach einem "process innovation"-Ansatz, der die Prozesssicht des Unternehmens mit Innovationsanstrengungen kombiniert, um die Kernprozesse zu verbessern. Das Hauptziel ist, wesentliche Verbesserungen in bezug auf Prozesskosten und Prozesszeit zu erzielen, aber auch Steigerungen in bezug auf Qualität, Flexibilität, Servicequalität und Kundenzufriedenheit zu erreichen. Was vor allem gefordert wird [1] ist eine Organisation, die nach aussen kundenfokusiert und marktgetrieben ist und nach innen prozessorientiert, funktionsübergreifend und teamorientiert.

Die Informations-Technologie wird als ein primärer 'Enabler' angesehen [2], der mit organisatorischen und menschlichen Faktoren zusammen zu radikalen Verbesserungen bei den Prozessen führen soll.

Obwohl die Erwartungen an das BPR übertrieben waren und trotz der vielen Misserfolge (über 70% der BPR-Projekte sollen nach einigen Quellen Misserfolge gewesen sein), ist BPR eine wichtige Bewegung.

Aber entscheidend ist vor allem, dass es nicht genügt, mit BPR Prozesse qualitativ besser, schneller und ökonomischer zu gestalten; sie müssen vor allem auch adaptierbarer gemacht werden, damit sie auf sich verändernde Bedingungen besser reagieren können. Das darf aber nicht bedeuten, dass immer wieder BPR angewendet werden soll, um die Prozesse von neuem den sich ändernden Gegebenheiten anzupassen. Diese Prozesse müssen stattdessen so definiert werden, dass sie sich selber der sich ständig weiterentwickelnden Umwelt anzupassen vermögen.

Die Firma als lebender Organismus

Zu oft basiert BPR auf einer mechanistischen Sicht des Unternehmens, welche eine globale, zentrale operationelle Steuerung unterstellt. Soll ein Unternehmen aber grundsätzlich flexibler und adaptierbarer werden, dann muss es als lebender Organismus, bestehend aus autonomen, sich selbst steuernden und selbstorganisierenden Einheiten verstanden werden.

BPR ist dabei ein wichtiges Element, aber es ist nicht ausreichend. Bild 2.14 soll dies illustrieren.

Bild 2.14: Entwicklung der Firmenstruktur

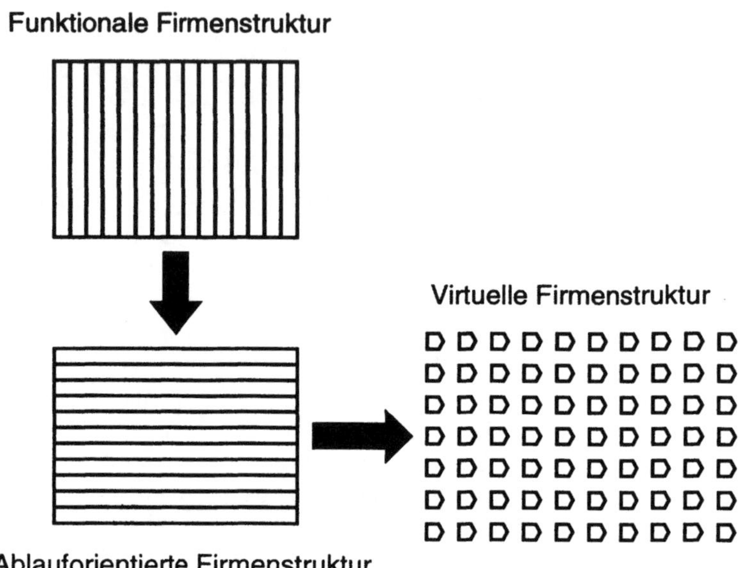

Es zeigt den Übergang von der traditionellen, funktionalen Firmenstruktur zunächst zur ablauforientierten und anschliessend zur virtuellen Struktur.

Funktionale Firmenstruktur

Die traditionelle, funktionale Firmenstruktur besteht aus grossen funktionalen Einheiten, die hierarchisch gegliedert sind. Aufgrund der verschiedenen Zuständigkeiten und der schwerfälligen Organisation werden Abläufe, die quer zu den Einheiten verlaufen, behindert. Kundenorientierte Abläufe aber verlaufen quer. Sie sind in dieser Firmenstruktur nicht effizient durchzuführen.

Diese Erkenntnis führte dazu, dass die funktionalen Einheiten um 90° gedreht und in ablauforientierte Einheiten umgewandelt wurden. Diese Einheiten umfassten nun ganze kundenorientierte Abläufe.

Ablauforientierte Firmenstruktur

Mit der ablauforientierten Firmenstruktur sind tatsächlich in bezug auf Kundenorientierung und Effizienz (z.B. Prozesszeit) einige Verbesserungen erzielt worden, nicht aber hinsichtlich Flexibilität und Adaptierbarkeit der Abläufe, da erstens die Einheiten zu gross sind und zweitens die Synergien zwischen den einzelnen Abläufen zuwenig genutzt werden können. Synergien wären aber zu einem hohen Masse möglich, da ähnliche Komponenten in den verschiedenen Abläufen mehrfach vorkommen.

Man ging deshalb weiter und unterteilte die langen Geschäftsabläufe in einzelne Teile, die 'Prozess' genannt werden sollen.

Virtuelle Firmenstruktur mit Leistungsketten

Die virtuelle Firmenstruktur mit ihren kleinen Einheiten, welche sich dynamisch zu Abläufen verbinden, verspricht eine hohe Flexibilität. Da die jeweiligen Zuständigkeiten nicht über die kleinen Einheiten hinausgehen, schliessen sich diese einzelnen Einheiten selbstorganisierend zu Prozessketten zusammen; selbstorganisierend, da jeder Prozess die Verantwortung und das Interesse hat, seine spezifischen Leistungen zu liefern. Diese Prozessketten werden Leistungsketten genannt, da die Verbindung zwischen zwei Prozessen über die Lieferung einer Leistung geschieht. Eine Leistungskette definiert sich damit implizit über die Prozesse, die sich Leistungen liefern. Sie ist eine abgeleitete Grösse, die aus Prozessen und Leistungen aufgebaut ist.

Virtuelles Geschäftsmodell

Geschäftsmodelle, die die ablauforientierte Firmenstruktur unterstützen, haben als zentralen Baustein den Geschäftsablauf (Leistungskette). Dies bedeutet, dass die Geschäftsabläufe im Modell als primärer Baustein definiert werden. Beim virtuellen Modell hingegen setzen sich die Geschäftsabläufe dynamisch aus den einzelnen Prozessen zusammen (Bild 2.15). Die Geschäftsabläufe sind damit nur implizit definiert. Ausserdem sind einzelne Prozesse an mehreren Abläufen beteiligt. Geschäftsabläufe entstehen oder verändern sich, wenn ein Prozess mit einem anderen Prozess eine neue Leistung vereinbart oder eine alte kündigt.

Ein ablauforientiertes Geschäftsmodell hat zu grosse Bausteine, um flexibel zu sein.

Der Vorteil des virtuellen Modelles ist die Flexibilität und Adaptierbarkeit. Soll eine neue Kundenleistung produziert werden, dann entsteht selbstorganisierend von dieser Kundenleistung her rückwärts eine neue Leistungskette.

Bild 2.15: Leistungsketten (Geschäftsablauf)

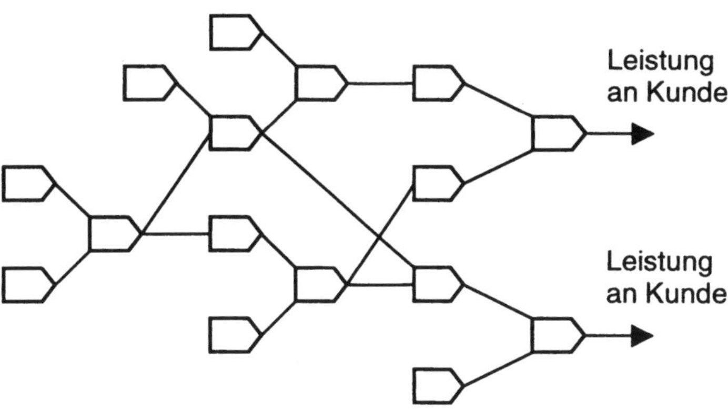

Die nächsten Kapitel geben eine Einführung in ein derartiges virtuelles Geschäftsmodell.

2.3.3 Die Industrie-Metapher

Metaphern helfen bei der Entwicklung von Modellen. Sie helfen uns über Analogien die richtigen und wesentlichen Begriffe (Bausteine) eines Modelles zu finden.

Waren- und Informationswelt

Die Industrie-Metapher ist für unser Modell von grundlegender Bedeutung. Die Welt kann in eine Waren- und eine Informationswelt unterteilt werden. Die Technologien für die Warenwelt besitzen eine nun mehr als zweihundertjährige Geschichte, beginnend mit den Dampfmaschinen. Im Gegensatz dazu sind die Informations-Technologien von bescheidenem Alter. Mit der Industrie-Metapher können über Analogien aus den wesentlichen Begriffen der Warenwelt die wesentlichen Begriffe der Informationswelt hergeleitet und ihnen Inhalte gegeben werden. Die Begriffe der Warenwelt haben zudem den Vorteil, dass sie konkret und fassbar sind und damit weniger abstrakt.

Ware und Information

Die Industrie-Metapher geht von der Analogie zwischen Waren-System und Informationssystem aus. Bild 2.16 zeigt die daraus folgenden Analogien zwischen Material und Daten, sowie zwischen Ware und Information. Eine Ware besteht aus Material. Dieses Material wird zur Ware, wenn es benutzt werden kann. Dies gilt genauso für die Information: Eine Information besteht aus Daten; diese Daten werden dann zu Information, wenn sie in einem bestimmten Kontext interpretiert und genutzt werden können. Die drei Begriffe Transport, Lager und Produktion beschreiben die drei Kategorien von Tätigkeiten innerhalb eines Waren-Systems: Waren werden produziert, gelagert und transportiert. Das gleiche gilt für Information: Information wird produziert, in Datenbanken gespeichert und kommuniziert.

Es reicht aber nicht aus, Waren oder Information zu produzieren. Diese ergeben erst eine Leistung, wenn sie sich zum richtigen Zeitpunkt am richtigen Ort befinden. Der Wert, den eine Ware oder eine Information besitzt, resultiert aus der Produktion der Ware oder Information und aus der Lagerung und dem Transport.

Firmen, die sich auf Infrastrukturtätigkeiten spezialisieren wie beispielsweise Transportfirmen oder Telekommunikationsunternehmen, liefern eine Dienstleistung, die besorgt ist, dass die Ware oder die Information zum richtigen Zeitpunkt am richtigen Ort ist.

Eine letzte Analogie besteht zwischen der Maschine, die Waren produziert und ihrem Äquivalent, welches Information erstellt. Es soll in Anlehnung an die warenproduzierende Maschine 'Informations-Maschine' oder 'künstlicher Agent' genannt werden.

Waren-Systeme produzieren, transportieren oder lagern Ware. Sie fokusieren sich immer auf nur eine dieser Tätigkeiten. Eine wichtige Erkenntnis, die auf die Informationssysteme übertragen werden kann. Damit kann man die Informationssysteme unterteilen in solche, die Information produzieren, solche die Information lagern und solche die Information kommunizieren.

Bild 2.16: Analogie zwischen Waren- und Informationswelt

- Waren-System	- Informations-System
- Material	- Daten
- Ware	- Information
- Transport	- Kommunikation
- Lager	- Daten/Informations-Basis
- Waren-Produktion	- Informations-Produktion
- Maschine	- Informations-Maschine
- Ausgerichtet auf die:	- Ausgerichtet auf die:
- Produktion von Waren	- Produktion von Information

Dominanz von Wissen

Unsere Metapher findet dort ihre Grenze, wo es um den Begriff Wissen geht. Wissen ist Information, welche gebraucht wird, um zu wirken. Da die Maschine wie auch der Agent wirkt, brauchen beide Wissen. Daraus erkennt man die noch grössere Bedeutung der Information im Vergleich zur Ware, da die Information in Form von Wissen sowohl in der Informations- wie auch in der Warenwelt unabdingbar ist. Man kann daraus folgern, dass die Informationswelt der Warenwelt übergeordnet ist und diese steuert. Dies bestätigt sich darin, dass wir uns heute als Informationsgesellschaft sehen.

Im Gegensatz zur Industrie steckt die automatisierte Produktion von Information noch in den Kinderschuhen. Hier aber liegt das grosse Potential, da hier ein grosser Teil des Mehrwertes erzeugt wird.

Zudem ist die Produktion von Information geschäftsrelevant, da die erstellte Information ein Produkt des Unternehmens ist. Bei einer Bank beispielsweise ist eine Hypothekarofferte an einen Kunden eine produzierte Information und stellt aufgrund der Wertschöpfungskette (siehe Kapitel 2.2.3) einen Mehrwert dar. Diese Information ist ein Produkt der Bank und ist damit spezifisch für die Bank. Das Lagern und Kommunizieren dieser Information hingegen ist zwar absolut notwendig, beide sind aber keine spezifischen Tätigkeiten des Unternehmens. Die Produktion kann als Kerntätigkeit bezeichnet werden und im Gegensatz dazu das Lagern und das Kommunizieren als Hilfstätigkeiten. Dies äussert sich auch darin, dass die Hilfstätigkeiten oft als Dienstleistungen bezogen werden.

Kerntätigkeit

Daraus kann einfach eine Regel für die Gestaltung von Prozessen abgeleitet werden: Produktionsorientierte Tätigkeiten, da sie das spezifische Wissen des Prozesses enthalten, sollten unter der Kontrolle des Prozessbesitzers sein; kommunikations- und speicherorientierte Tätigkeiten können problemlos als Dienstleistung bezogen werden, da sie nicht das wesentliche Wissen des Prozesses enthalten. Die produktionsorientierten Tätigkeiten können als

Kerntätigkeiten bezeichnet werden. Diese Aussage beschränkt sich aber auf Prozesse, die etwas produzieren.

2.3.4 Der künstliche Agent - die informationsproduzierende Maschine

Aufgrund unserer Metapher soll nun ein erstes Konzept unseres Geschäftsmodelles eingeführt werden - der künstliche Agent. Er stellt in der Informationswelt das Äquivalent zur Maschine dar.

Eine Maschine erstellt eine Ware durch Verarbeitung von Ausgangswaren. Dazu braucht die Maschine das entsprechende Wissen. Genau gleich verhält es sich mit dem künstlichen Agenten, der ebenso über das Wissen verfügen muss, damit er aus Ausgangsinformationen seine neue Information erzeugen kann.

Kundenwert

Eine von einem Agenten erzeugte Information wird vom Abnehmer - vom Kunden - gebraucht. Damit ist diese Information eine Leistung und beinhaltet einen Kundenwert (customer value) - den Wert, den sie für den Kunden hat.

Die beiden bisherigen Konzepte 'künstlicher Agent' und Leistung haben einen starken Bezug zum Geschäft. So beinhaltet das Konzept Leistung den Kundenwert, das Konzept 'künstlicher Agent' Geschäfts-Wissen oder -Kompetenz. Zudem ist der Agent für die Erstellung einer Leistung zuständig.

Künstliche Agenten führen Tätigkeiten aus. In ihrer spezifischen Domäne verhalten sie sich wie Menschen. Per definitionem sind sie aktiv und autonom. Aktiv bedeutet, dass sie Informationen erstellen, welche einen Mehrwert darstellen. Autonom bedeutet, dass sie selber wissen, ob und wann sie aktiv werden sollen. Dies bedeutet, dass sie nicht von einer anderen Instanz aufgerufen werden; sie reagieren auf irgendwelche Stimuli aus ihrer Umwelt. Voraussetzung für diese Funktionsweise ist Wissen.

Die Koordination unter den Agenten ist implizit. Jeder Agent hat das für ihn notwendige Wissen darüber. Das Wissen über die Koordination ist nicht übergeordnet, sondern auf die einzelnen Agenten verteilt.

Modellierung des Geschäftes

Das Konzept Agent dient zur Modellierung des Geschäftes. Es umfasst den menschlichen wie auch künstlichen Agenten. Dieses Konzept erhält eine weitere Legitimation, da der Mitarbeiter - der menschliche Agent - die wichtigste organisatorische Einheit eines Unternehmens darstellt. Die anderen organisatorischen Einheiten setzen sich aus dieser "Einheit" Mitarbeiter zusammen. Es sei hier am Rande bemerkt, dass das BPR lange den Mitarbeiter bei seinen Modellierungen vergessen hat. Erst kürzlich, zum Beispiel in [6] wurde eine erste Korrektur vorgenommen. Das lange Vergessen des Mitarbeiters war sicher ein Grund für einige Mängel des BPR. Ausserdem ist der menschliche Agent diejenige Einheit im Unternehmen, die als Wissensträger, Wissensanwender und Wissensentwickler fungiert; also als Wissensingenieur.

Mehr zu Agenten kann gelesen werden beispielsweise in [18], [14], [15], [16] und [10].

2.3.5 Die Workgroup-Metapher

Das Konzept Agent reicht für die Modellierung eines Unternehmens nicht aus. In der Workgroup-Metapher wird davon ausgegangen, dass die Mitarbeiter in Arbeitsgruppen zusammenarbeiten und auf diese Art Leistungen erbringen.

Bild 2.17 zeigt unser Modell einer Firma. Es besteht aus Prozessen, die miteinander arbeiten, indem sie einander Leistungen liefern.

Bild 2.17:
Modell einer Firma

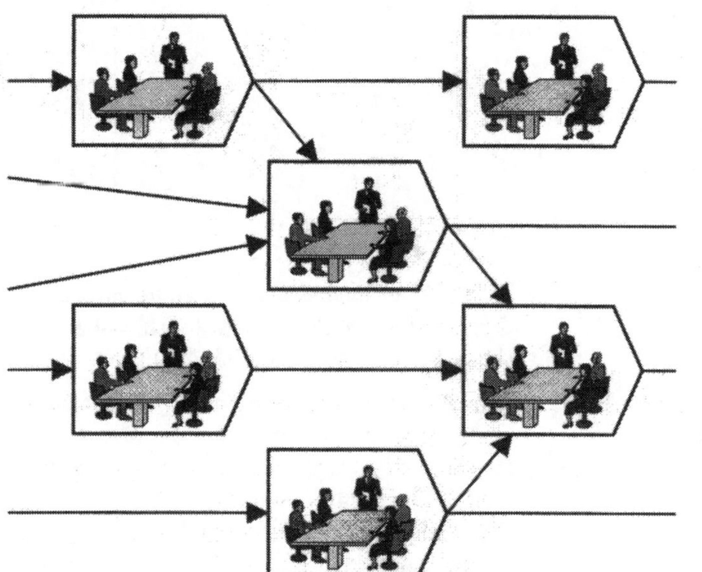

Jeder Prozess umfasst eine Arbeitsgruppe, die Leistungen erstellt (Bild 2.18a). Die Mitglieder dieser Arbeitsgruppe sind unsere Agenten. Ein Mitglied dieser Arbeitsgruppe fungiert als Leiter (Sachbearbeiter), der für die Erstellung der Leistung verantwortlich ist. Die anderen Mitglieder sind die dazu notwendigen Experten.

Experten als Wissensingenieure

Für die Modellierung ist es irrelevant, ob nun diese Agenten menschlicher oder künstlicher Natur sind. Stellt man dagegen eine Effizienz- und Realisierungsbetrachtung an, dann wird klar, dass Agenten mehrheitlich künstlicher Natur sein sollten, denn menschliche Experten sind rar, und wir können nicht jedem Sachbearbeiter dauernd eine Anzahl von Experten zur Seite stellen. Somit sind wir gezwungen, die Experten in den Prozessen weitgehend durch künstliche Agenten zu ersetzen (Bild 2.18b). Die künstlichen Experten können als die Stellvertreter der menschlichen Experten in den Prozessen betrachtet werden. Sie leisten mehrheitlich die operationelle Arbeit, wohingegen die menschlichen Experten das Expertenwissen pflegen, koordinieren und weiterentwickeln. Menschliche Experten werden dadurch immer mehr zu Wissensingenieuren.

Bild 2.18: Automatisierung der Workgroups

a)

b)

Bild 2.18 zeigt den Übergang zum automatisierten Prozess. Ein Prozess reduziert sich auf einen Benutzer (Sachbearbeiter) und eine Anzahl von künstlichen Agenten, welche die Rolle der Experten übernehmen (Bild 2.18b).

Der Geschäftsfall

Das Zusammenspiel zwischen den Agenten wird in Bild 2.19 wiedergegeben. Es zeigt erstens, dass der Benutzer mit den Agenten kommuniziert und interagiert, und zweitens, dass die Agenten selbstständig miteinander kommunizieren. Der Benutzer erhält damit eine Steuerungs- und Überwachungsrolle. Die Agenten führen die operationelle Arbeit durch. Sie kommunizieren symbolisch über einen Tisch, auf dem der Geschäftsfall liegt, der bearbeitet werden soll. Der Fall ist gleich dem Objekt, das vom Prozess bearbeitet wird. Es entspricht dem in Kapitel 2.2.6 eingeführten Prozessobjekt.

Ein Beispiel soll den Vorgang verdeutlichen. Der Prozess soll eine Hypothekarofferte erzeugen. Der Kunde kommt mit der Forderung (Anliegen) nach einem Angebot. Aus dieser Forderung entsteht ein Geschäftsfall. Nehmen wir weiter an, um eine Hypothekarofferte zu erstellen, sind verschiedene Arten von Agenten notwendig, die Tätigkeiten ausführen, wie beispielsweise 'Immobilie bewerten', 'Kunden bewerten' und 'Finanzierung erarbeiten'. Die Agenten erhalten vom Benutzer die notwendigen Informationen. Der Agent 'Immobilie bewerten' ist damit in der Lage, Informationen über die Immobilie abzugeben. Diese Information legt er auf den Tisch. Er erzeugt Mehrwert, da er für den Prozess notwendige Informationen produziert hat. Der Agent 'Finanzierung erarbeiten' erkennt, dass eine für ihn nützliche Information auf dem Tisch liegt und arbeitet damit (und mit anderer Information von anderen

Agenten) die Finanzierung aus. Ein weiterer Agent nimmt darauf diese Finanzierungsinformation auf und beurteilt, ob diese Finanzierung für den Kunden tragbar ist.

Bild 2.19: Architektur einer automatisierten Workgroup

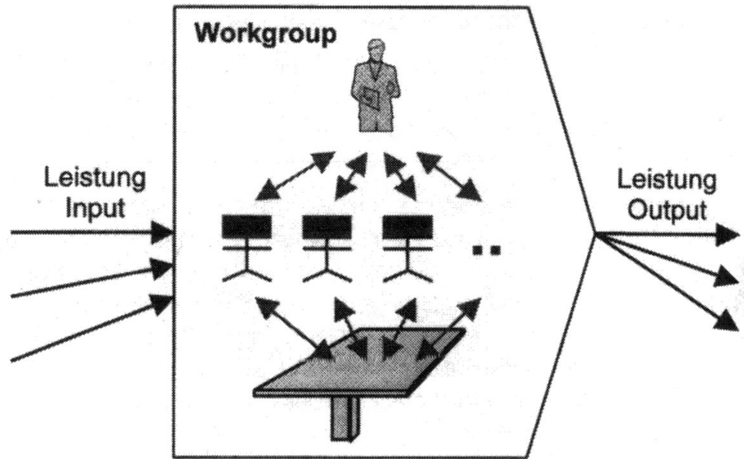

Bild 2.20: Verallgemeinerte Architektur einer Workgroup

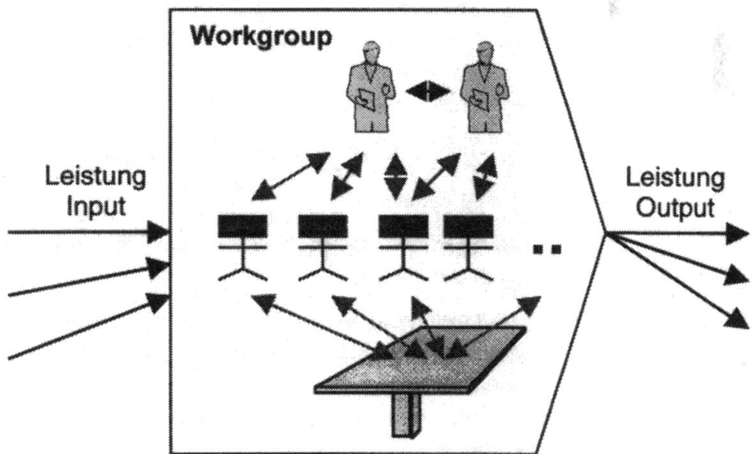

Der hier beschriebene Prozess mit einem Benutzer ist ein Spezialfall. Er kann aber verallgemeinert werden zu einem Prozess mit einer beliebigen Anzahl von Benutzern. Bild 2.20 soll dies illustrieren. Diese Benutzer arbeiten in einem Arbeitsgruppenumfeld zusammen; sie können untereinander über die Agenten kommunizieren oder direkt miteinander. Das Fallbeispiel von Kapitel 2.3.10 beschreibt Prozesse, bei denen der Kundenberater und der Kunde zusammen eine Arbeitsgruppe bilden.

2.3.6 Prozess versus 'Leistungskette'

Das Konzept Prozess - hier als Workgroup umgesetzt - unterteilt als oberste und grösste Unterteilungseinheit ein Unternehmen. Prozesse, die einander Leistungen liefern, bilden eine Leistungskette. Wir werden in diesem Abschnitt sehen, wie eine Leistungskette aufgebaut wird.

Interaktion unter den Prozessen

Die Interaktion und Koordination zwischen Prozessen wird durch Anliegen ('Requests') und Leistungen ('Services') gebildet. Bild 2.21 zeigt die Interaktion und beschreibt auch zwei Arten von Leistungen: Der Prozess A sendet einen 'Request' an Prozess B und erhält einen 'Service' zurück. Dieser 'Service' wird als 'Information Production Service (IPS)' bezeichnet, da der Prozess B eine Information erstellt hat und sie an den Prozess A zurückliefert. Der Prozess A sendet einen weiteren 'Request' an den Prozess C, welcher in diesem Falle nur eine Information nachführt, die vom Prozess C unterhalten wird. Dieser 'Service' wird als 'Information Management Service (IMS)' bezeichnet.

Ein Beispiel soll den Unterschied verdeutlichen. Nehmen wir an, der Prozess A hat die Aufgabe, Hypotheken zu verkaufen, Prozess B unterhält die Kundeninformation, und Prozess C führt die Kontoinformation nach. Der Prozess A verlangt nun durch einen 'Request' nach Kundeninformation wie z.B. nach der Adresse des Kunden. Der Prozess B liefert diese Information. Der Prozess A stellt zudem einen 'Request' an den Prozess C, um ein Konto zu eröffnen. Der Prozess C liefert diesen 'Service' als IMS Service, indem er ein Konto eröffnet.

Derartige Interaktionen zwischen zwei Prozessen werden als Verträge (Kontrakte) bezeichnet.

Aufbau einer Leistungskette

Eine Leistungskette ergibt sich nun ausgehend von einem beliebigen 'Service', der von einem Prozess geliefert werden soll. Dieser Prozess fordert von andern Prozessen Leistungen, die er benötigt, um diesen 'Service' zu erstellen. Die Zulieferprozesse wiederum benötigen Leistungen, um ihre eigenen Leistungen liefern zu können. Auf diese Art ergibt sich die Leistungskette für einen bestimmten 'Service'.

Es sei hier speziell darauf hingewiesen, dass das Konzept Prozess bei anderen Ansätzen oft mit Leistungskette gleichgesetzt wird (siehe auch Kapitel 2.3.2). Bei uns ist der Prozess jedoch nur ein Glied innerhalb verschiedener Leistungsketten. Dafür gibt es einen guten Grund: Die Leistungskette ist eine sehr dynamische und zudem abgeleitete Grösse, da sie aus den Konzepten

Prozess und Leistung zu einem Netz zusammengebaut wird. Sie muss ständig veränderbar sein, da das Unternehmen sich dauernd dem Markt anpassen muss. Ein Modell, das die Leistungskette als Einheit sieht (wie die ablauforientierten Geschäftsmodelle), kann ein Unternehmen nicht in dessen Flexibilität und Adaptierbarkeit unterstützen; eine nicht mehr akzeptierbare Einschränkung.

Bild 2.21: Zusammenspiel von Prozessen

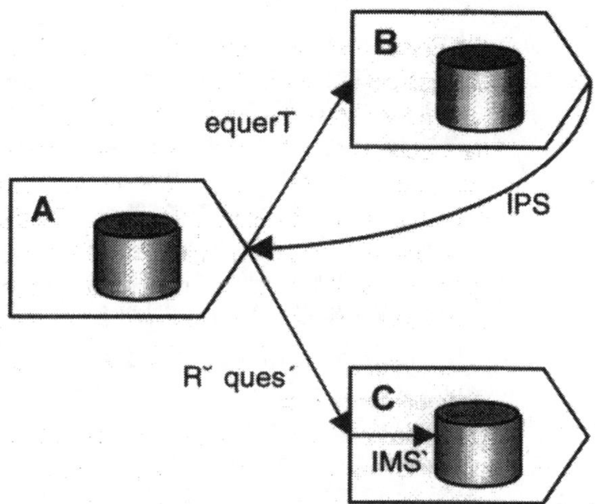

Ein Prozess wird bei uns als autonome Grösse definiert und kann als kleines 'Unternehmen' im Unternehmen gesehen werden.

2.3.7 Die prozess-interne Leistungskette

Innerhalb eines jeden Prozesses ergibt sich eine Leistungskette durch die Interaktion unter den Agenten. Bild 2.20 illustriert, wie die einzelnen Agenten Leistungen (Informationen) auf dem Tisch ablegen. Jeder Agent sieht auch dauernd, welche Leistungen (Informationen) von seinen Kollegen auf den Tisch abgelegt werden. Es ist nun Aufgabe jedes Agenten selbst, benötigte Informationen vom Tisch als Ausgangsinformation zu nehmen, um neue Leistungen zu produzieren. Auf diese Art arbeiten die Agenten innerhalb des Prozesses zusammen und erstellen die Leistung. Dieser Vorgang wird als prozess-interne Leistungskette bezeichnet. Man erkennt damit, dass die Agenten die Basis-Einheiten sind, die Mehrwert erzeugen.

2.3.8 Die 'Fractal Factory Metaphor'

Dieser Ansatz lehnt sich an die 'Fractal Factory Metaphor' an. Eine fraktale Fabrik [12] und [13] ist charakterisiert durch eine Menge von selbstähnlichen, autonomen Einheiten, deren Verhalten und Ziele diejenigen der ganzen Organisation wiederspiegeln. Der Begriff 'fraktal' – die dahinter steckende Idee - vereinfacht beträchtlich die Pflege von komplexen Strukturen. Eine fraktale Organisation ist ein offenes, adaptierbares System. Jede ihrer Einheiten muss sich selber unabhängig organisieren, um ihre definierten Ziele zu erreichen, welche mit denen der gesamten Organisation übereinstimmen müssen. In einer fraktalen Organisation sind alle Einheiten miteinander über Leistungsbeziehungen verbunden. Solche fraktale Strukturen behalten ihre Adaptierbarkeit auch in sehr dynamischen, sogar turbulenten Umgebungen.

Eine hohe Marktorientierung

Ein Beispiel ist die Adaptierbarkeit in bezug auf wechselnde Marktbedürfnisse. Soll beispielsweise aufgrund von veränderten Bedürfnissen der Kunden oder neuen Marktopportunitäten eine Leistung erweitert oder verändert werden, dann kreiert der entsprechende Prozess erstens diese neue Leistung, und zweitens verändert er die Verträge, soweit es nötig ist, oder schliesst neue mit seinen Zulieferprozessen ab. Da diese Zulieferprozesse nun auch eine andere Leistung erstellen müssen, setzt sich der Vorgang entlang der ganzen Leistungskette dieser neuen Leistung fort. Auf diese Art adaptiert sich das gesamte System - das Unternehmen - dauernd an neue Anforderungen.

Dieses Verhalten basiert auf der Autonomie der einzelnen Prozesse. Die übergeordnete Steuerung verliert für den operationellen Betrieb an Bedeutung. Sie kann sich voll auf die strategische Ebene konzentrieren, indem sie die Ziele des Unternehmens vorgibt. Zudem hat sie das Umfeld zu schaffen, dass Prozesse gegenseitig wissen, was sie anbieten und anbieten könnten.

Das Unternehmen als 'virtuelles Unternehmen'

Eine weitere wesentliche Eigenschaft unseres Geschäftsmodelles ist die Ausrichtung auf virtuelle Unternehmen. Jeder unserer Prozesse ist ein 'Unternehmen' und alle zusammen bilden ein 'virtuelles Unternehmen'. Ein Unternehmen, welches auf diesem Geschäftsmodell basiert, besitzt damit die Struktur eines virtuellen Unternehmens. Dies hat den Vorteil, dass die Kultur eines 'virtuellen Unternehmens' schon intern gelebt wird, und es damit viel einfacher wird, mit anderen Unternehmen über Partnerschaften globale 'virtuelle Unternehmen' zu bilden. Das Unternehmen wird so offener gegenüber der Umwelt.

2.3.9 Prozessklassen

Auf den ersten Blick scheint es, dass die Menge und die Vielfalt der Prozesse unüberschaubar gross und nicht handhabbar ist. Prozesse haben aber eine Struktur und können klassifiziert werden.

Bild 2.22 zeigt einen Teil der Prozessklassenhierarchie einer Bank. Zuoberst hat man den allgemeinen Begriff Prozess. Prozesse können in strategische und operationelle Prozesse unterteilt werden. Strategische Prozesse dienen der Weiterentwicklung einer Firma. Operationelle Prozesse sind für den laufenden Betrieb einer Firma zuständig. Die operationellen Prozesse bestehen aus den Prozessen der Wertschöpfung und aus den Supportprozessen, welche die Wertschöpfungsprozesse unterstützen.

Bild 2.22: Prozessklassenhierarchie einer Bank

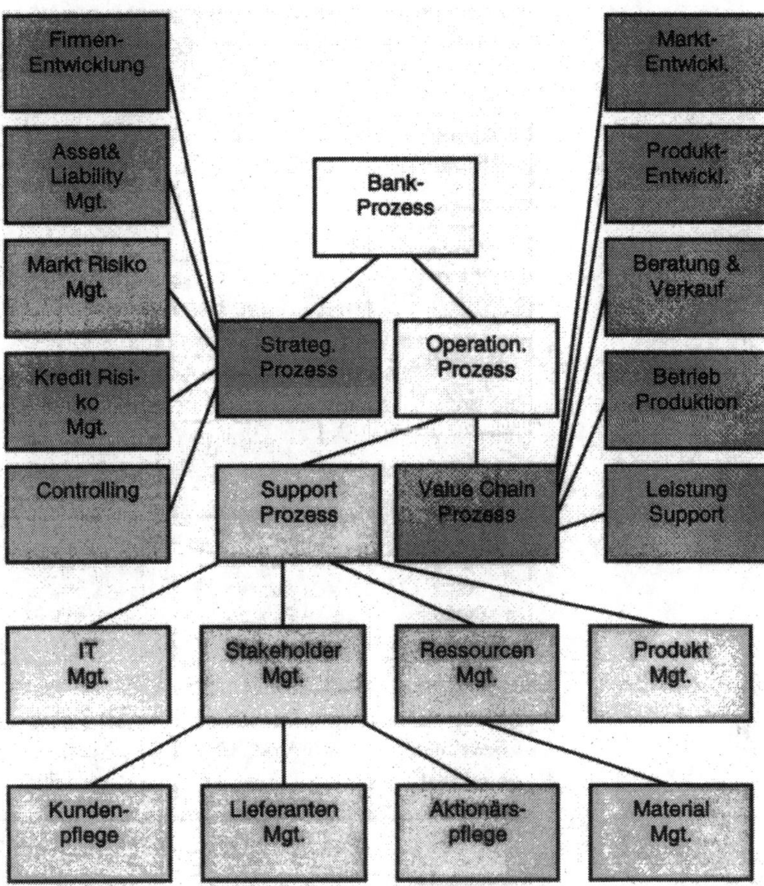

Die Supportprozesse können weiter nach den Teilen, aus denen eine Firma besteht, unterteilt werden. So besteht eine Firma aus den Produkten, den 'Stakeholders', den Ressourcen, den Systemen, etc.

Die 'Stakeholders' sind die Kunden, Mitarbeiter, Aktionäre, Lieferanten, etc.

Die Ressourcen sind Fahrzeuge, Immobilien, etc. Sie können aus der Bilanzsystematik hergeleitet werden; es sind die Vermögensposten.

Die Systeme wie beispielsweise Informationssysteme unterstützen die Prozesse.

Die Prozesse der Wertschöpfung lassen sich nach den Produkten und nach der Kundensegmentierung weiter unterteilen, da sie produkt- oder kundenorientiert sind. Beispielsweise wird die Prozessklasse 'Beratung & Verkauf' in die Prozesse für die einzelnen Produkte unterteilt.

Nicht nur die Prozesse einer Firma können in einer Prozessklassenhierarchie strukturiert werden, sondern auch diejenigen einer Privatperson (Bild 2.23).

Bild 2.23: Prozessklassenhierarchie einer Privatperson

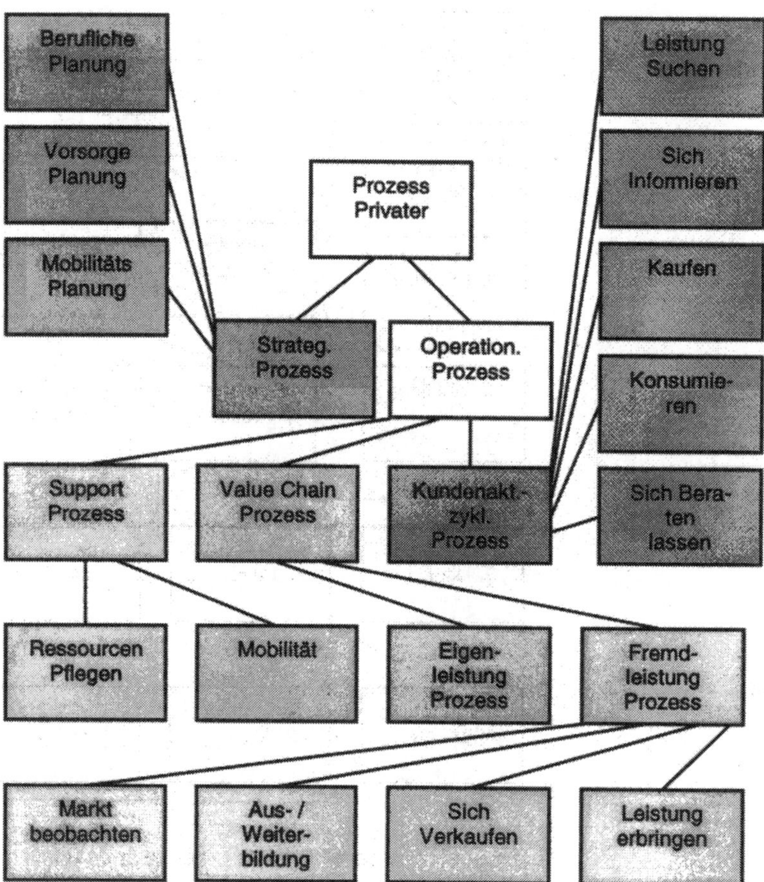

Eine Privatperson hat strategische Prozesse, die ihre weitere Lebensplanung beschreiben. Sie führt operationelle Prozesse durch, wie z.B. als Konsument die Prozesse des Kundenaktivitäts-Zyklus. Sie greift ebenso wie Firmen auf Supportprozesse zu, beispielsweise das Verwalten ihrer Ressourcen (wie Fahrzeuge, Haus, Geld). Wertschöpfungsprozesse einer Privatperson, die eine Eigenleistung darstellen, sind Kochen, Pflanzen, Möbel schreinern, etc. Ist eine Privatperson als Mitarbeiter bei einer Firma angestellt, dann ist sie Dienstleister (siehe Kapitel 2.2.9 'Leistung und Kompetenz'). Sie hat wie jeder

Anbieter eine Kundenbeziehung – mit ihrer Firma. Als Anbieter beobachtet sie den Personalmarkt, sie kümmert sich um ihre Aus- und Weiterbildung, sie muss ihre Leistung verkaufen, und sie muss eine Leistung erbringen. Eine Privatperson ist ein Unternehmer.

2.3.10 Fallbeispiel: Bau eines Hauses

Dieser Abschnitt ist die Fortsetzung von Kapitel 2.2.11.

Bild 2.24 zeigt den Kundenprozess 'Hausbau' mit den Tätigkeiten 'Planung erstellen', 'Finanzierung', 'Aushub ausführen', etc.

All diese Tätigkeiten leisten ihren Beitrag zum Bau des Hauses. In unserem Falle konzentrieren wir uns auf die Tätigkeit 'Finanzierung', die eine Leistung der Bank in Form eines Baukredits (Hypothek) darstellt.

Bild 2.24: Tätigkeiten des Kundenprozesses 'Hausbau'

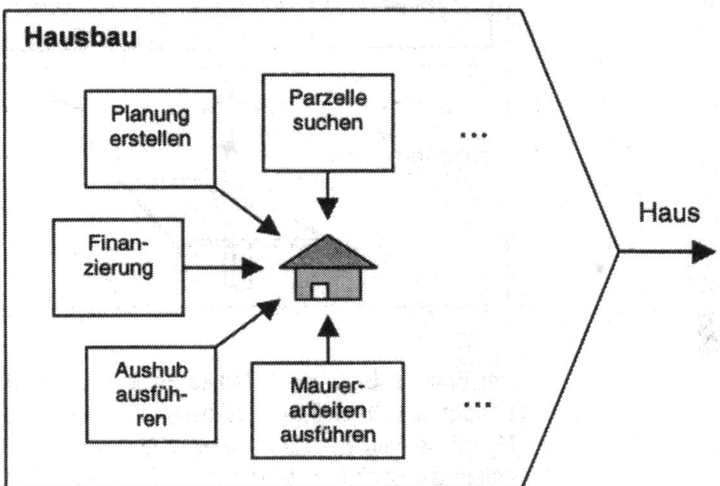

Auf der Bankseite sind die Prozesse 'Allgemeine Beratung', 'Beratung & Verkauf Hypothek', 'Abwicklung Hypothek' und 'Support' an dieser Kundenbeziehung beteiligt (siehe Bild 2.13).

Der Prozess 'Allgemeine Beratung' nimmt das Bedürfnis (Anliegen) des Kunden auf, gibt ihm Informationen und schlägt ein Produkt vor. Bild 2.25 zeigt, dass an diesem Prozess der Berater der Bank, der Kunde und diverse Experten beteiligt sind. Die Experten werden als Agenten modelliert. Sie können menschlicher oder künstlicher Natur sein. Sie führen die einzelnen Tätigkeiten durch. Sind die Agenten künstlicher Natur (künstliche Agenten), dann hat der Kunde die Möglichkeit, direkt mit diesen Agenten auf elektronischem Wege zusammenzuarbeiten. Diese Agenten müssen dann in der Lage sein, sein

Bedürfnis zu analysieren und Produktvorschläge zu machen. Der Kunde kann aber sein Bedürfnis auch an den Kundenberater richten. Dieser bedient sich dann ebenfalls der künstlichen Agenten und liefert dem Kunden Informationen und Lösungsvorschläge.

Bild 2.25: Tätigkeiten des Prozesses 'Allgemeine Beratung'

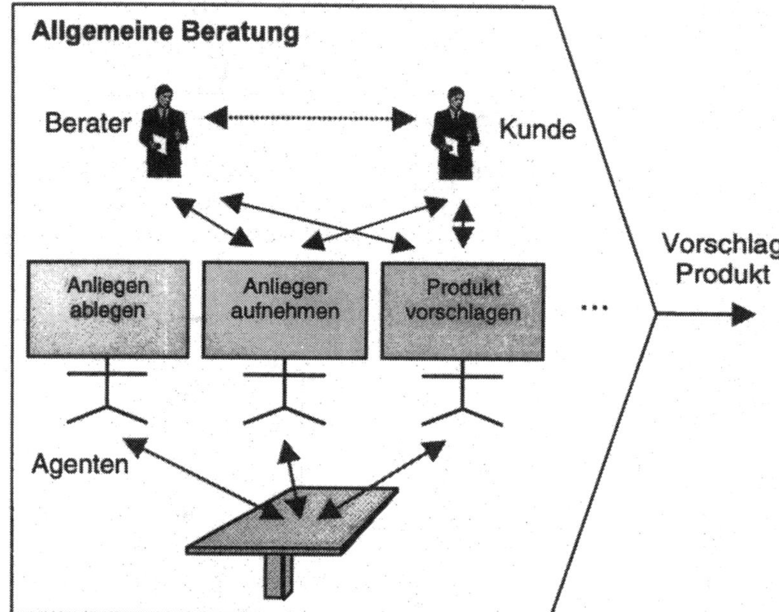

Der Prozess 'Beratung & Verkauf Hypothek' (Bild 2.26) hat die Aufgabe, den Kunden über Hypotheken zu beraten, ihm Angebote zu machen und einen Hypothekarvertrag abzuschliessen. Auch hier hat der Kunde die Möglichkeit, sofern die Bank eine elektronische Beratung anbietet, die gewünschte Information und Beratung direkt elektronisch über die künstlichen Agenten zu beziehen, wobei einer der Agenten als elektronischer Kundenberater fungiert. Zusätzlich bleibt auch die Möglichkeit, vom Kundenberater betreut zu werden. Der Kundenberater arbeitet ebenfalls mit den künstlichen Agenten zusammen und erarbeitet auf diese Art die zu liefernden Informationen und Angebote.

Zusätzlich zu den in Bild 2.26 dargestellten künstlichen Agenten sind weitere beteiligt wie 'Steuersimulation durchführen', 'Steuern ermitteln', 'Budget erstellen' und 'Angebot erstellen'.

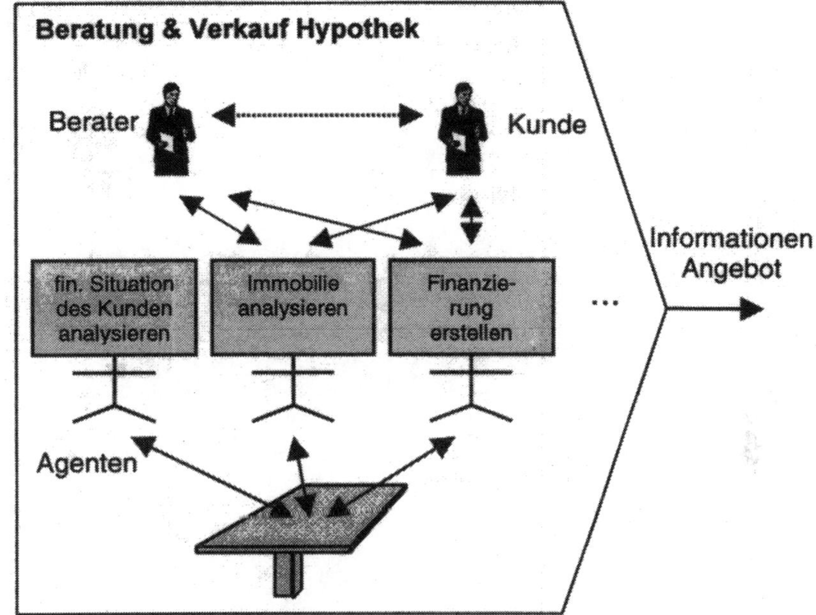

Bild 2.26: Tätigkeiten des Prozesses 'Beratung & Verkauf Hypothek'

Der Prozess 'Abwicklung Hypothek' (Bild 2.27) hat die Aufgabe, die Leistung zu liefern, die mit dem Hypothekarvertrag vereinbart worden ist. Der Kunde kann auch hier mit den Agenten direkt elektronisch kommunizieren, aber auch mit der Abwicklungsstelle über andere Kommunikationskanäle wie Telefon oder Post.

Der Prozess 'Abwicklung Hypothek' umfasst neben den in Bild 2.27 dargestellten Agenten weitere wie 'Zinsberechnung erstellen', 'Amortisationsrechung erstellen', 'Daten-Mutationen durchführen' und 'Steuerinformationen aufbereiten'.

Der Prozess 'Support' (Bild 2.28) unterstützt den Kunden bei der Nutzung der Leistung. Sollte er eine Beschwerde oder ein Problem haben, dann kann er sich elektronisch oder direkt an seinen Berater wenden.

Bild 2.27: Tätigkeiten des Prozesses 'Abwicklung Hypothek'

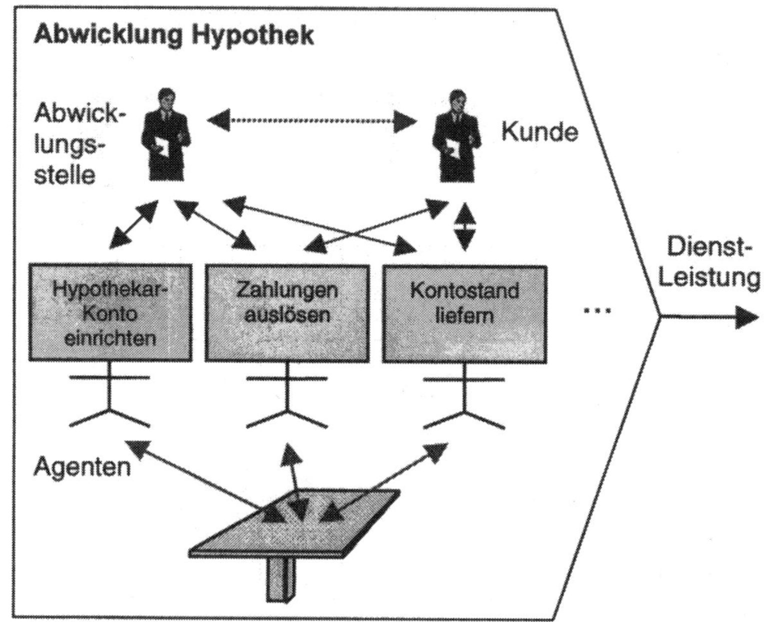

Bild 2.28: Tätigkeiten des Prozesses 'Support'

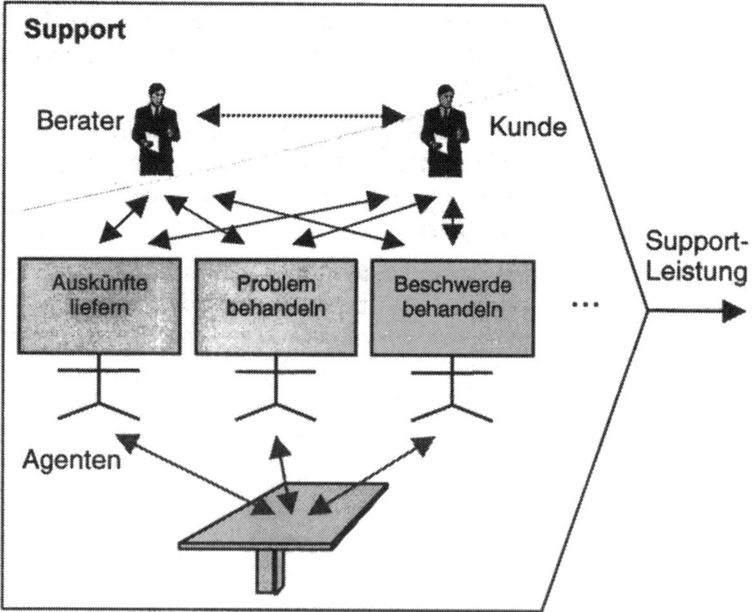

Diese Prozesse zeigen überdies, wie der Kunde zum Benutzer der Anbieterprozesse werden kann, sobald der Anbieter einen elektronischen Zugang ermöglicht.

Das Fallbeispiel findet seine Fortsetzung in Kapitel 2.4.5.

2.4 Gestaltung der Kundenbeziehung

2.4.1 Bedürfnis und Leistung

Alle produzierten Leistungen dienen mehr oder weniger direkt der Erfüllung der Bedürfnisse der Endverbraucher, also eines jeden Menschen.

Ein Endverbraucher ist eine private Person, die die Leistung verbraucht oder zumindest für sie zahlt. Beispielsweise verbraucht ein Hundehalter das Hundefutter nicht selber, aber er zahlt zumindest dafür.

Bedürfnisse des Endverbrauchers

Jeder Mensch hat ein Bedürfnis nach geistigem und körperlichem Wohlbefinden: Wir brauchen Nahrung und Kleider, wir wollen wohnen, wir haben ein Bedürfnis nach Mobilität, wir möchten gesund sein, wir möchten für die Zukunft vorsorgen, wir möchen unterhalten werden, wir möchten uns erholen, wir möchten uns weiterbilden, usw.

Auch haben wir Bedürfnisse, die aus unserem Besitz erwachsen: Wir möchten unser Eigentum pflegen, damit wir es weiterhin benutzen können. Zudem haben wir Bedürfnisse aus der Verantwortung für andere Personen und Dinge heraus, wie beispielsweise für Kinder.

Unsere Bedürfnisse ändern sich im Verlauf des Lebens. Auch wecken neue Möglichkeiten neue Bedürfnisse. Beispielsweise werden neue Unterhaltungsmöglichkeiten angeboten, die früher aus technischen und anderen Gründen nicht möglich waren, wie beispielsweise das Fernsehen.

Leistungen befriedigen Bedürfnisse

Bedürfnisse werden durch Leistungen befriedigt. Zur Befriedigung unseres Bedürfnisses nach Essen benötigen wir Nahrung. Diese muss produziert werden. Bild 2.29 stellt einen kleinen Ausschnitt der Leistungskette dar, welche die Nahrung erstellt. Nahrung wird erstellt, indem beispielsweise Gemüse gekocht wird. Der Kochprozess braucht als Zulieferleistung unter anderem Gemüse, welches wiederum von einem Prozess erstellt werden muss. Damit Gemüse produziert werden kann, braucht man unter anderem Wasser und Gemüsesamen. Auf diese Weise erweitert sich die Leistungskette in die Tiefe und Breite.

Bedürfnisse können permanent und wiederkehrend sein (z.B. Essen). Sie können aber auch aufgrund eines Ereignisses entstehen. Beispielsweise hat man nach einem Unfall das Bedürfnis, wieder gesund zu werden.

Bild 2.29:
Leistungskette für das Bedürfnis Nahrung

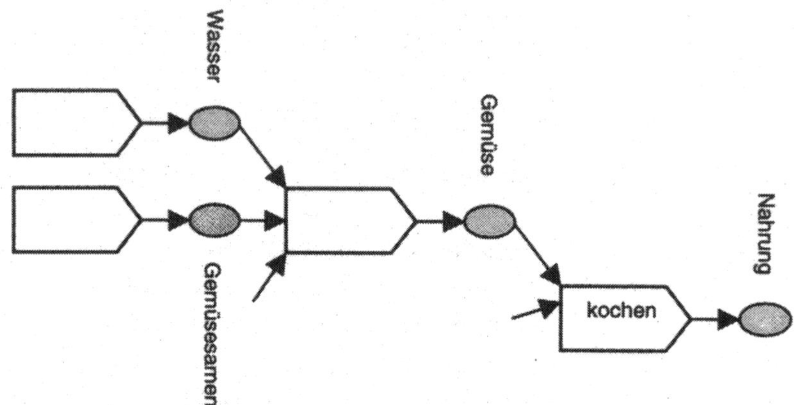

Leistung und die Phasen der Kundenbeziehung

Das Bedürfnis löst die Kundenbeziehungs-Phasen Suchen, Verhandeln und Benutzen aus. Auf der Anbieterseite sind die Prozesse 'Beratung & Verkauf', 'Leistungserbringung' und 'Support' beteiligt (siehe auch Bild 2.5). Sie erstellen eine Reihe von Leistungen. Bild 2.30 illustriert die erstellten Leistungen zwischen dem Gemüse produzierenden Prozess und dem Kochprozess aus dem vorher skizzierten Beispiel.

Bild 2.30:
Phasen der Kundenbeziehung

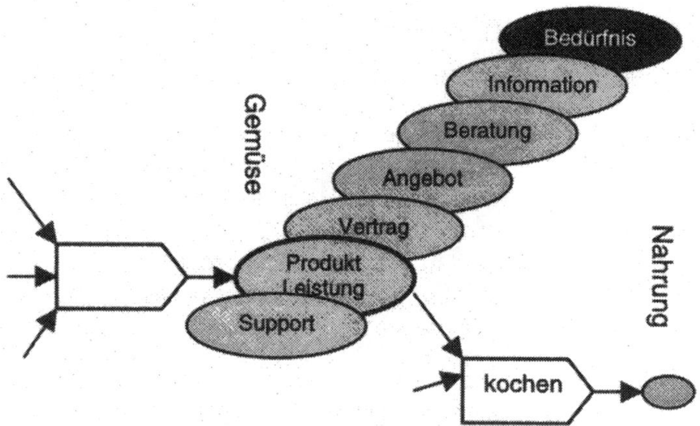

2.4.2 Definieren der Hilfsleistungen

Zu jeder Produktleistung müssen die Hilfsleistungen definiert werden. Die geforderten Hilfsleistungen sind (siehe Kapitel 2.2.7 'Arten von Leistungen'):

- Auskunftsleistungen: Möchte ein Kunde Informationen über die Produkte oder über die Firma im allgemeinen, dann wird er mit diesen Leistungen bedient.
- Angebotsleistungen: Hat der Kunde ein Bedürfnis, dann erhält er über diese Leistungen proaktiv Angebote.
- Beratungsleistungen: Ist der Kunde an einem Produkt interessiert, dann wird er mittels dieser Leistungen beraten.
- Beschwerdeleistungen: Hat der Kunde eine Beschwerde, dann wird sie mit diesen Leistungen behandelt.
- Supportleistungen: Hat der Kunde ein Problem mit der Leistung des Anbieters und braucht er Hilfe, dann erhält er diese über die Supportleistungen. Auch kann der Kunde eine Mitteilung haben, die bearbeitet werden muss.

2.4.3 Firmenkunden

Der Anbieter von Produkten für Firmenkunden (der Kunde ist eine Firma) muss die Bedürfnisse, Prozesse und Leistungen seiner Kunden kennen. Dabei muss er berücksichtigen, dass erstens seine Leistungen unterschiedliche Bedürfnisse befriedigen können, und dass zweitens die Kundenprozesse (der Firmenkunden) auf sehr unterschiedliche Weise ihre Leistungen erstellen. Schliesslich muss er auch wissen, wie der einzelne Kundenprozess durchgeführt wird.

Kundenbedürfnisse

Bei Firmenkunden kann das Bedürfnis mit Hilfe unseres Prozessmodelles eindeutig identifiziert werden. Die Leistung, die vom Kundenprozess erzeugt wird, ist gleich dem Bedürfnis des Kunden, das er an die Anbieter richtet (Bild 2.31), denn das Ziel und das Bedürfnis des Kunden ist die Leistung, die sein Prozess (Kundenprozess) erzeugen soll. Diese Leistung, die zugleich Ziel und Bedürfnis ist, benötigt Leistungen von anderen Prozessen. Gibt der Kunde seine Leistung (Ziel und Bedürfnis) dem Anbieter bekannt, dann sollte der Anbieter wissen, welche Leistung er dem Kunden anzubieten hat. Der Anbieter reagiert somit auf das Bedürfnis des Kunden.

Nehmen wir als Beispiel an, der Prozess des Firmenkunden sei der Bau von Einfamilienhäusern. Diese sind somit die Leistungen (Leistung Firmenkunde), die der Prozess erstellt. Der Prozessbesitzer (Firmenkunde), beispielsweise ein Architekturunternehmen, das die Häuser weiterverkauft, braucht Leistungen von Anbietern. Einer der Anbieter, die Bank, liefert ihm Hypotheken (Leistung Anbieter). Die Hypotheken sind nur ein Mittel zum Ziel und nicht das

Ziel (Bedürfnis) selber; der Firmenkunde hat schliesslich nicht das Ziel, Hypotheken zu besitzen. Hypotheken können als notwendiges Übel oder als Lösung seines Finanzierungsproblemes angesehen werden. Sein eigentliches Bedürfnis sind die Einfamilienhäuser, die er baut.

Bild 2.31: Bedürfnis des Firmenkunden

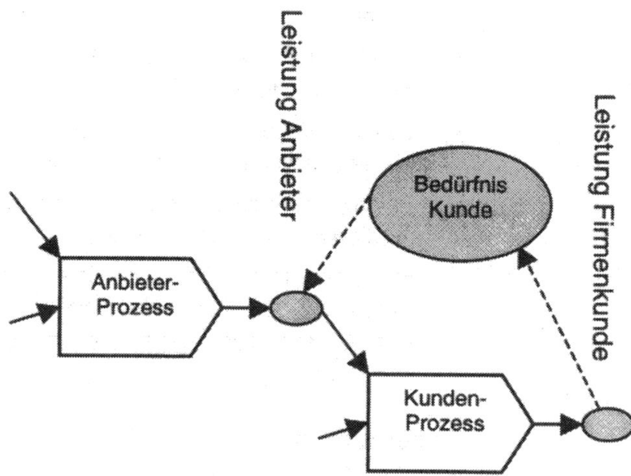

Kennt der Anbieter die Bedürfnisse, Prozesse und Leistungen seiner Kunden, dann hat er folgende Möglichkeiten:

- Angebote aufgrund von Kundenbedürfnissen erstellen: Er ist in der Lage, aufgrund von Kundenbedürfnissen proaktiv Angebote zu erstellen, da er die Kundenbedürfnisse kennt.
- Schnelle Reaktion auf Kundenbedürfnisse: Muss sein Kunde aufgrund von neuen Marktgegebenheiten seine Leistungen ändern, so kann er schnell darauf reagieren, da er den Kundenprozess und die Leistung(en) seines Kunden kennt. Gleiches gilt, sollte der Kunde neue ähnliche Leistungen anbieten wollen.
- Vorschlag verbesserter und neuer Kundenleistungen: Der Anbieter kann seine Produkte so weiterentwickeln, dass sein Kunde seine Prozesse verbessern und damit verbesserte Leistungen erstellen kann. Der Anbieter kann neuen Kundennutzen erzeugen. Damit kann er seinen Ertrag steigern.
- Liefern von Prozesswissen: Der Anbieter kann seinem Kunden Wissen liefern, damit dieser seine Prozesse verbessern kann.
- Support und Beratung: Der Anbieter kann dem Kunden einen Support liefern, damit dieser die gelieferte Leistung optimal einsetzen kann.

- Erstellung von neuen Produkten: Aufgrund des Wissens über die Kundenprozesse kann der Anbieter neue Produkte entwickeln, welche neuen Kundennutzen für den Firmenkunden bringen.
- Gestaltung der Produkte: Der Anbieter kann seine Leistungen so gestalten, dass sie optimal auf den Kundenprozess ausgerichtet sind.

2.4.4 Privatkunden

Der Privatkunde kann wie eine Firma einen Prozess durchführen und Produzent einer Leistung sein. Er kann im Beispiel von Bild 2.29 (das Bedürfnis Nahrung) das Gemüse selber pflanzen. Er kann auch selber kochen. Solche Eigenleistungen konsumiert er auch selber. Er kann aber auch Leistungen für andere erstellen, ob als Angestellter oder als Firmeninhaber. Es gelten dann die gleichen Aussagen wie beim vorhergehenden Kapitel 'Firmenkunden'.

Der Privatkunde ist aber vor allem Endverbraucher. Das heisst, er bezieht eine Leistung und verbraucht sie (Bild 2.32).

Bild 2.32: Verbrauch einer Leistung

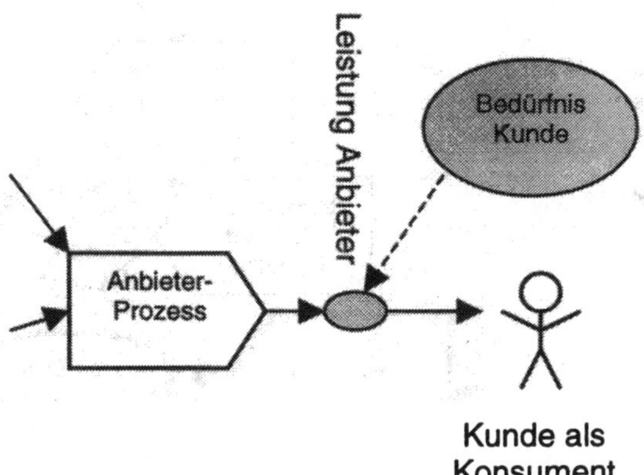

Das Bedürfnis nach der Leistung kann in diesem Falle nicht mehr die Leistung des Kundenprozesses sein, da es diesen Prozess nicht gibt. Die Bedürfnisse sind die in Kapitel 2.4.1 beschriebenen Endverbraucherbedürfnisse. Die folgende Liste soll einen, wenn auch nicht vollständigen Überblick über die Endverbraucherbedürfnisse geben:

- Nahrung
- Wohnung
- Kleidung
- Mobilität

- Bildung
- Vorsorge
- Unterhaltung
- Gesundheit
- Erholung
- ...

2.4.5 Fallbeispiel: Bau eines Hauses

Dieser Abschnitt ist die Fortsetzung von Kapitel 2.3.10.

Der Kunde erhält von der Bank neben der Hypothek eine Anzahl weiterer Leistungen (Hilfsleistungen). Diese werden von den Prozessen 'Allgemeine Beratung', 'Beratung & Verkauf Hypothek' und 'Support' geliefert.

Bild 2.33 zeigt, für welchen Teil der Kundenbeziehung und damit für welche Hilfsleistungen welcher Prozess zuständig ist.

Bild 2.33: Anbieterprozesse, welche Leistungen für die Kundenbeziehung liefern

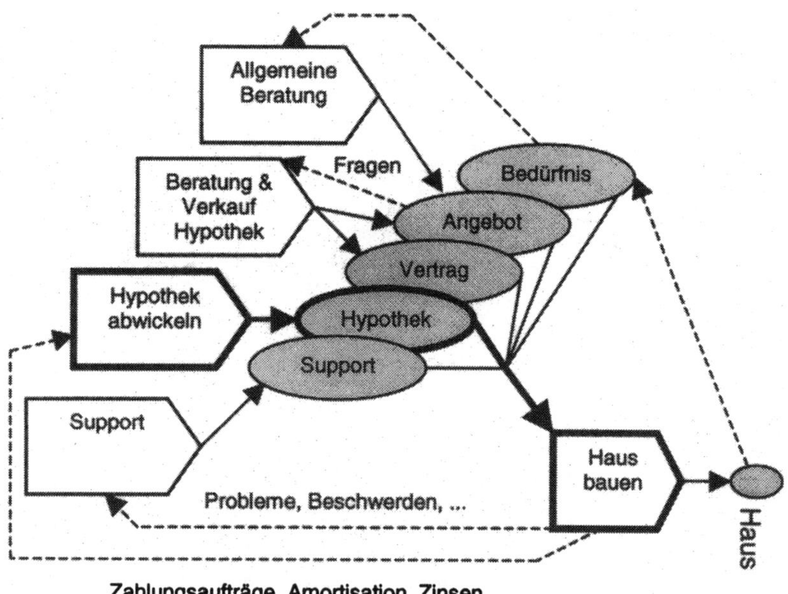

Das Ziel all dieser Modellierungen ist, das Bedürfnis des Kunden zu identifizieren, sein Verhalten und seine Anliegen kennenzulernen, und die Leistungen des Anbieters optimal zu definieren.

Proaktives Angebot

Das Bedürfnis des Kunden ist die Leistung, die er mit seinem Kundenprozess erarbeiten möchte. In unserem Beispiel das Haus, welches er bauen möchte. Das Bedürfnis ist die zentrale Information, die der Anbieter braucht, damit er proaktiv Angebote machen kann. Beispielsweise könnte eine Versicherung aktiv werden, sobald sie erfährt, dass unser Kunde ein Haus baut.

Aus dem Kundenverhalten lassen sich Anliegen des Kunden ableiten. Während einer Kundenbeziehung hat der Kunde verschiedenste Anliegen. Er hat Anfragen, Probleme und Beschwerden. Er möchte beispielsweise wissen, wieso der Zinssatz seiner Hypothek nicht gesenkt wird. Er beschwert sich vielleicht, weil die Bank die Zahlungsbestätigungen nicht oder zu spät geschickt hat. Ausserdem hat er Anliegen, die mit der Nutzung der Hypothek zusammenhängen wie die Ausführung von Zahlungsaufträgen an die Handwerker.

Es ist Aufgabe der Bank, die Leistungen so zu definieren, dass sie die Anliegen der Kunden befriedigen können.

2.5 Ein Werkzeug

Die Modellierung des Kundenverhaltens muss von einem Werkzeug unterstützt werden. Denn bei der Modellierung des Kundenverhaltens mittels Prozessen muss eine grosse Menge an Information gepflegt werden; die Prozesse müssen definiert werden, eine Prozesshierarchie muss aufgebaut werden, Leistungen müssen definiert werden, Prozesse müssen über die Leistungen miteinander verknüpft werden, Agenten und deren Zusammenspiel müssen spezifiziert werden. Zudem muss das Modell konistent gehalten werden; wird beispielsweise ein Prozess gelöscht, dann müssen mit ihm auch all seine Leistungen verschwinden. Weiter muss ein Modell visualisiert werden können, damit der Benutzer das Modell von verschiedenen Blickwinkeln betrachten, verifizieren und verändern kann.

Es ist Aufgabe dieses Abschnittes, die Praktikabilität der gemachten Ausführungen zu zeigen. Dazu wird das Werkzeug ADVISE (ADded Value Information Systems Engineering) beigezogen. Dieses ist ein Beispiel, womit eine werkzeugunterstützte Modellierung des Kundenverhaltens durchgeführt werden kann.

Als erstes sollen die beiden Prozesshierarchien von Bild 2.22 und Bild 2.23 durch ADVISE visualisiert werden. Darauf wird ADVISE zur Modellierung des Fallbeispieles eingesetzt.

In Bild 2.34 sind ein Fenster zur Pflege der Prozesshierarchie ('Process Hierarchy') und eines zur Definition der Prozesse ('Definition of Process') zu erkennen.

Die dargestellte Prozesshierarchie entspricht derjenigen von Bild 2.22, das diejenige einer Bank illustriert.

Der dargestellte Prozess ist der Prozess 'Markt-Entwicklung'. Das Fenster enthält ein Listenfeld 'Services:', das die Leistung 'Produkt-Spezifikation' führt. Bild 2.35 zeigt diese Leistung mittels des Fensters 'Definition of Service' mit all den Einzelheiten wie Kosten der Leistung, Preis der Leistung, den eine Kunde zu zahlen hat, und die Anzahl Leistungen pro Tag. Man erkennt im Listenfeld 'Receiving Processes' die Kundenprozesse ('Produkt-Entwickl.'), denen diese Leistung geliefert wird. Das Fenster 'Service Chain' stellt die Verknüpfung zwischen den Prozessen dar; in diesem Fall die Verknüpfung zwischen den Prozessen 'Produkt-Entwickl.' und 'Markt-Entwicklung'. Der Prozess 'Produkt-Entwickl.' ist in der Rolle des Kunden, der Prozess 'Markt-Entwicklung' in der des Anbieters. Dieser erstellt die Leistung und liefert sie dem Kundenprozess.

Bild 2.36 enthält die Prozesshierarchie einer Privatperson, die auch schon in Kapitel 2.3.9 'Prozessklassen' mittels Bild 2.23 dargestellt ist. Man erkennt als Eigenleistungs-Prozess 'Hausbau'.

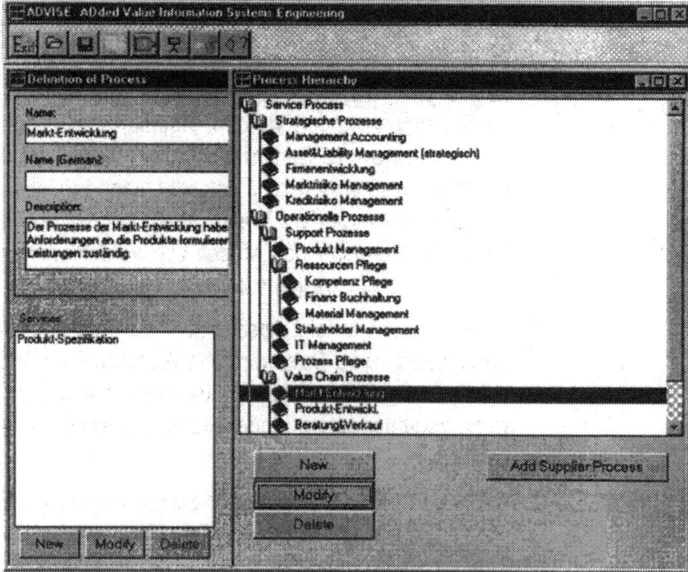

Bild 2.34: Prozesshierarchie einer Bank

Bild 2.35:
Leistung zwischen zwei Prozessen

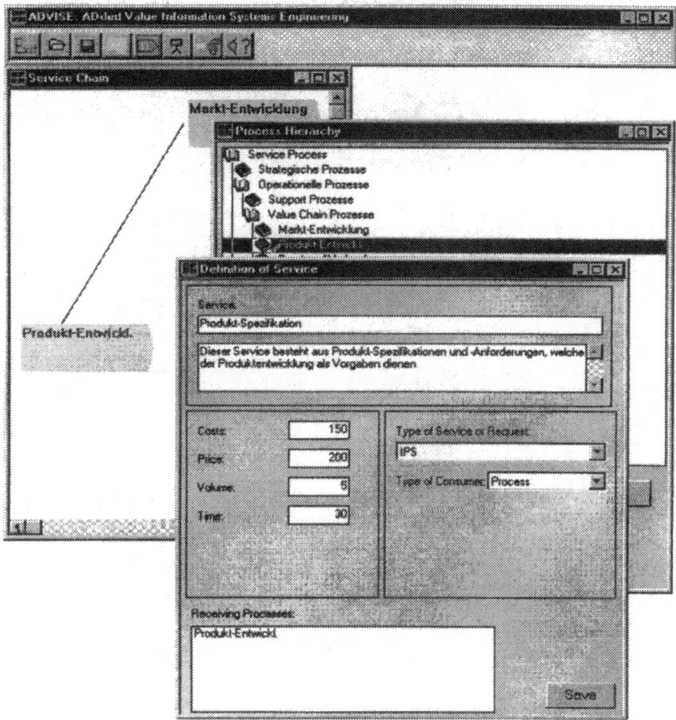

Bild 2.36:
Prozesshierarchie eines Privaten

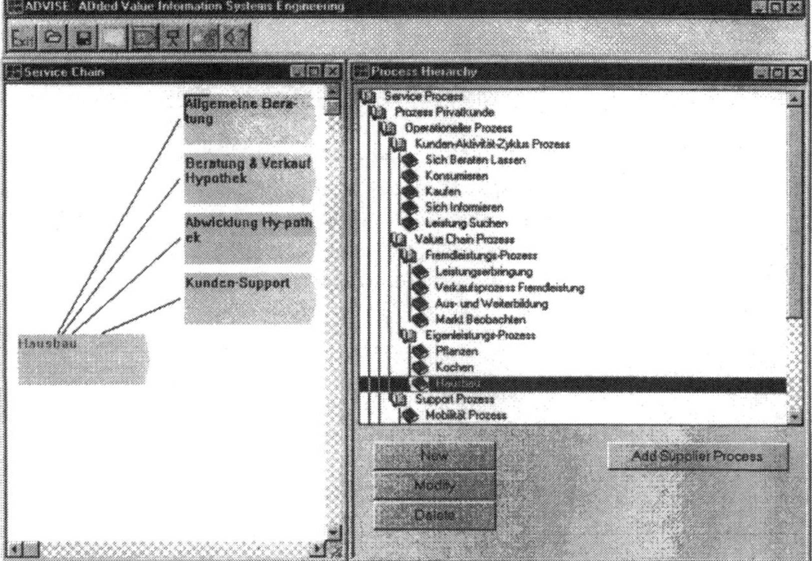

Bild 2.37: Kundenbeziehung des Fallbeispieles

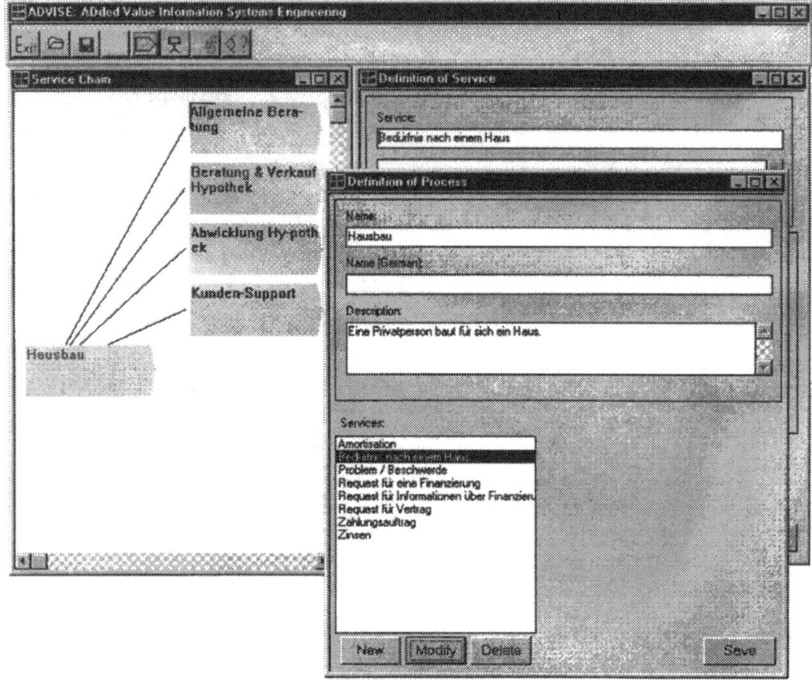

Die folgenden Darstellungen zeigen unser Fallbeispiel.

Bild 2.37 illustriert wesentliche Modellteile unseres Fallbeispieles: Es beinhaltet die Beziehung der Bank mit dem Kunden. Der Inhalt vom Fenster 'Service Chain' entspricht Bild 2.33. Man erkennt die Bankprozesse 'Allgemeine Beratung', 'Beratung&Verkauf Hypothek', 'Abwicklung Hypothek' und 'Kunden-Support', die dem Kundenprozess 'Hausbau' Leistungen liefern. Das Fenster 'Definition of Process' enthält eine Beschreibung des Prozesses 'Hausbau'. Im Listenfeld sind die Anliegen des Prozesses 'Hausbau' aufgeführt (vergleiche mit Bild 2.33).

Die Bilder 2.38 und 2.39 zeigen die Anliegen ('Request') des Kunden und die Leistungen ('Service') der Bank, die von den verschiedenen Anbieterprozessen geliefert werden.

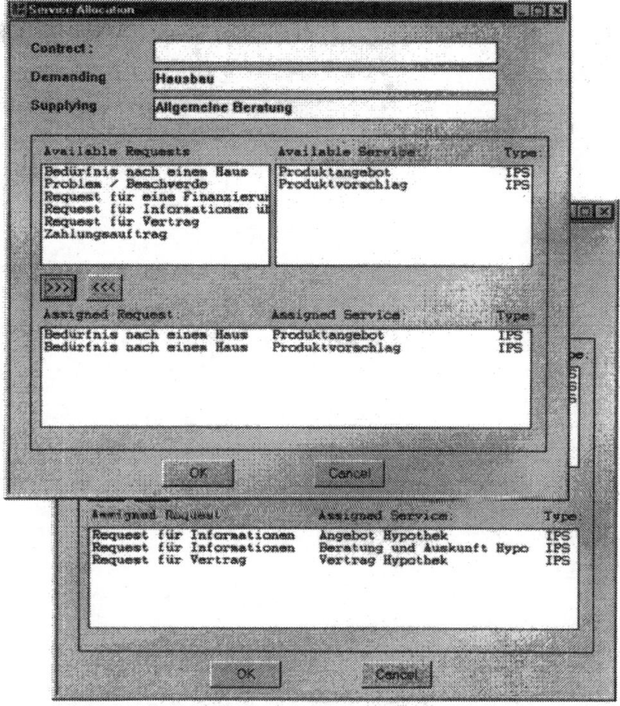

Bild 2.38:
Leistung der Prozesse 'Allgemeine Beratung' und 'Beratung&Verkauf Hypothek'

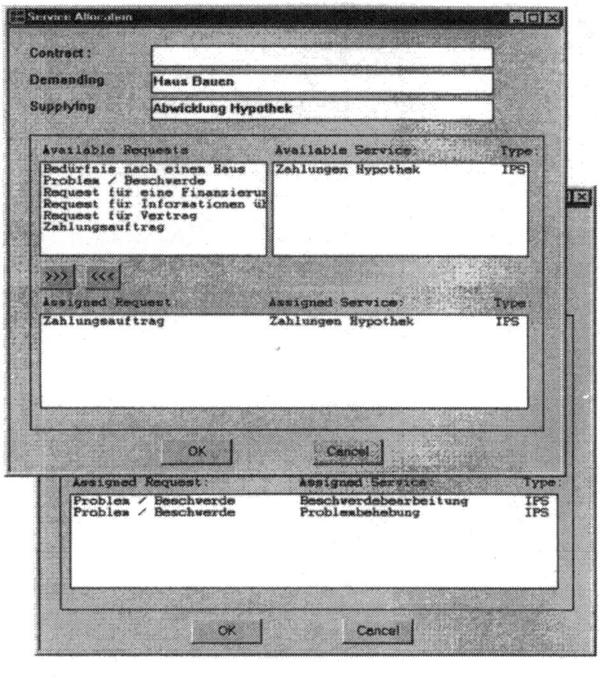

Bild 2.39:
Leistung der Prozesse 'Abwicklung Hypothek' und 'Kunden-Support'

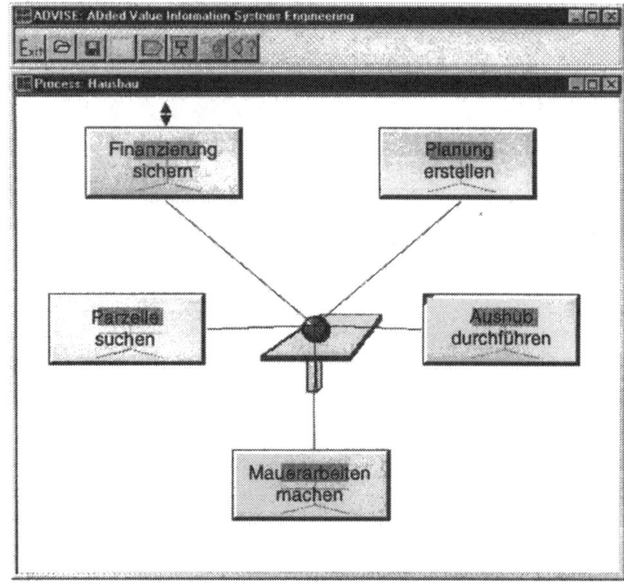

Bild 2.40:
Agenten des Prozesses 'Haus bauen'

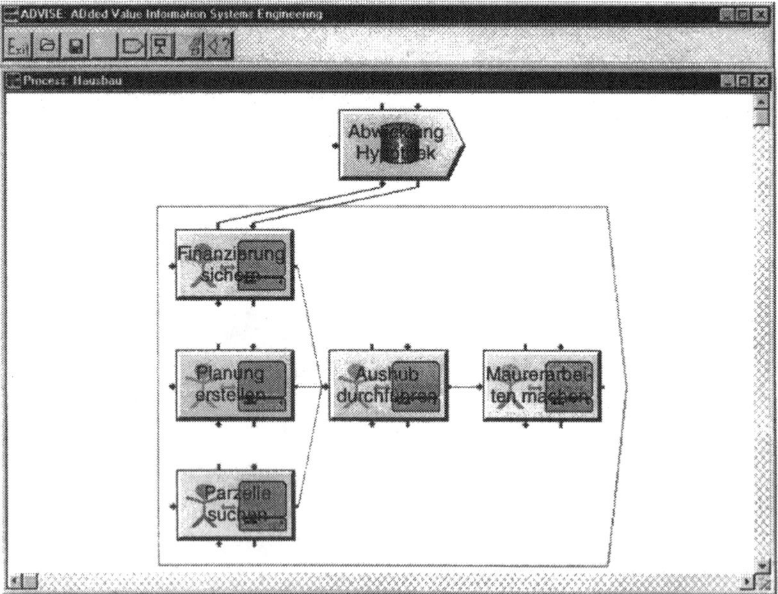

Bild 2.41:
Interne Leistungskette des Prozesses 'Haus bauen'

2.6 Die Gestaltung der Leistung und der Kundenbeziehung

Bei der Gestaltung der Leistung soll erstens untersucht werden, ob die Kompetenz beim Leistungsanbieter ausreichend vorhanden ist, und zweitens, ob die Leistung als Zulieferleistung, Investitionsleistung oder Dienstleistung gestaltet werden soll.

Die Gestaltung der Kundenbeziehung hat zum Ziel, neben der Produktleistung die Hilfsleistungen zu definieren, die in den verschiedenen Kundenbeziehungs-Phasen an den Kunden geliefert werden sollen.

2.6.1 Beispiel: Beratung für Asset&Liability Management

Firmen mit grossen Kapitalpositionen auf der Aktiv- und Passivseite brauchen ein professionelles Asset&Liability Management. Insbesondere sind das Versicherungen, Pensionskassen und Banken, welche auf der Verbindlichkeitsseite (Aktivseite) Kundengelder aufnehmen und auf der Vermögensseite (Passivseite) Gelder plazieren. Ein Asset&Liability Management hat je nach Firma verschiedene Ziele zu erreichen. So sollen beispielsweise Marktrisiken wie Zinsrisiken kontrolliert werden; es soll ein maximaler Erlös unter einem vorgegebenen Risiko erreicht werden; es sollen definierte Kennziffern eingehalten werden. Durch ein explizites Asset&Liability Management sollen Passiva und Aktiva koordiniert werden. In diesem Zusammenhang müssen beispielsweise Marktrisiken kontrolliert, Renditen erzielt und Cash Flows erzeugt werden.

Gestaltung des Produktes

Unser Anbieter hat eine umfassende Kompetenz auf dem Gebiet des Asset&Liability Management und möchte daraus ein Produkt für solche vorher erwähnte Firmen machen. Es stellt sich somit die Frage, wie er sein Produkt gestaltet.

Er hat die folgenden drei Basismöglichkeiten:

1. Dienstleistung: Er bietet sein Produkt als Dienstleistung an. Er übernimmt auf diese Art einen Teil des Prozesses oder den ganzen Prozess eines Firmenkunden.
2. Zulieferleistung: Sein Produkt besteht aus Informationen, die der Kunde braucht, damit dieser seinen Prozess ausführen kann. Er könnte beispielsweise Marktdaten liefern, die der Kunde braucht, damit er seine Vermögensteile wie Aktien, Hypotheken, Renten, etc. bewerten kann.
3. Investitionsleistung: Sein Produkt hilft dem Kunden, den Prozess durchzuführen. Er könnte beispielsweise methodisches Wissen liefern, aufgrund dessen der Kunde den Prozess durchführt. Auch könnte er ihm ein Computerprogramm liefern, welches das methodische Wissen enthält und direkt anwendet.

Diese verschiedenen Basisleistungen kann unser Anbieter auch kombinieren. Er kann sein Produkt flexibel gestalten, sodass es sich kundenindividuell anpassen lässt.

Die entscheidende Frage ist, was der Kunde will. Er möchte sicher seine Asset&Liability-Ziele möglichst optimal erreichen. Er möchte wissen, in welcher Form er sein Vermögen plazieren, welche Risiken er eingehen und wie seine Performance aussehen kann.

Eine andere Frage ist, wie weit der Kunde bereits mit Hilfsmitteln und Know How ausgestattet ist.

Kernprozess

Als weitere Frage stellt sich, wie autonom und unabhängig der Kunde bei diesem Prozess sein möchte. Möglicherweise sieht er diesen Prozess als Kernprozess an, den er selber unter Kontrolle haben und ausführen möchte. Vielleicht reicht es ihm aber auch, nur die Resultate zu bekommen.

Für den Anbieter ist vor allem entscheidend, für welche Leistung der Kunde zu zahlen bereit ist. In diesem Zusammenhang ist auch wichtig, welcher Aufwand beim Anbieter durch die Leistungserstellung verursacht wird. Möglicherweise kann die Leistung wie eine Hilfsleistung durch andere Geschäfte kompensiert werden.

Sieht ein Kunde das Asset&Liability Management als Kernprozess an, dann ist er eher an einer Investitionsleistung interessiert, da er damit seinen Kernprozess verbessern kann. Auch kann er an Zulieferleistungen interessiert sein. Er wird aber kaum wesentliche Teile seines Prozesses auslagern und als Dienstleistungen eines Anbieters beziehen wollen.

Aktives und passives Wissen

Da unser Anbieter Beratungsleistung liefert, kann die Investitionsleistung die Form von methodischem Wissen oder die eines Programmes haben. Beides ist geliefertes Wissen. Der Unterschied zwischen diesen beiden Formen besteht darin, dass die erste passiv und die zweite aktiv ist. Passiv bedeutet, dass der Kunde das Wissen selber nutzen muss, um Resultate zu erzielen. Aktiv heisst, dass das Programm das Wissen nutzt und Resultate erzeugt. Liefert unser Anbieter Wissen in Form eines Programmes, dann ist der Kundennutzen grösser, da der Kunde mehr Flexibilität erhält. Dies führt dazu, dass der Kunde eher bereit ist, dafür zu zahlen, da er ja automatisch Resultate erhält und nicht selber mühsam das Wissen anwenden muss. Auch hat unser Anbieter einen grösseren Nutzen aufgrund der höheren Kundenbindung, da der Kunde mit der Zeit auf diese 'Maschine' angewiesen ist. Zudem kann der Anbieter als weitere Leistung Support anbieten.

Unser Anbieter möchte sein Wissen auch selber nutzen und Studien für Kunden anfertigen. Ein autonomer Kunde wird sich von solchen Studien nicht abhängig machen wollen, da er damit einen Teil seines Prozesses auslagern würde.

Anders sieht es bei Kunden aus, die Asset&Liability Management nicht als Kernprozess sehen. Diese wollen nur in geringem Umfang investieren, da sie die Investitionen in Wissen und Hilfsmittel nicht genügend effizient nutzen können. Sie laufen auch Gefahr, dass die selber produzierten Resultate auch nicht die Qualität der vom Anbieter gelieferten erreichen können.

Unser Anbieter entscheidet sich für die Gestaltung von zwei Produkten.

Produktleistung

Das erste Produkt stellt eine Investitionsleistung dar. Es ist eine Asset&Liability Beratung für Kunden, die Asset&Liability Management als Kernprozess ansehen und auch die notwendige Kompetenz haben. Das Produkt hat die Form einer Computeranwendung. Der Kunde erhält damit eine Leistung, die ihm hilft, seinen Kernprozess besser durchführen zu können. Zusammen mit der Anwendung offeriert unser Anbieter Beratungsleistung als Zusatzprodukt, also eine zusätzliche Dienstleistung.

Das zweite Produkt bietet er Kunden an, die nicht die Kompetenz haben, auf professionelle Weise Asset&Liability Management alleine durchzuführen. Hier bezieht der Kunde die Beratungsleistung in Form einer Studie. Die Studie basiert auf der Computeranwendung, die beim Anbieter bleibt. Es ist gut denkbar, dass ein Kunde zuerst das zweite Produkt haben möchte, um in einem zweiten Schritt das erste Produkt zu beziehen.

Nach dem Definieren des Produktes modelliert unser Anbieter den Kundenprozess, den er mit seinen Produkten unterstützen möchte (Bild 2.42). Als erstes definiert er die Leistungen, die der Kundenprozess zu liefern hat. Eine der Leistungen ist eine Kapitalanlagestrategie. Sie soll Fragen beantworten wie:

- Anlageziele: Wie soll die Struktur der Anlagen (Allokation der Assets) in Zukunft aussehen?
- Umstrukturierung: Wie sollen die Anlageziele erreicht werden?
- Charakteristiken: Welches sind die Charakteristiken (wie Renditen und Risiken) der zukünftigen Struktur?
- Einflussgrössen: Welches und wie gross sind die Einflussgrössen wie Zu-/Abflüsse, Marktgrössen, etc.?

Er identifiziert ebenfalls die verschiedenen Module (künstliche Agenten), die beim Prozess involviert sind, deren Zusammenspiel (interne Leistungskette) und die benötigten Leistungen, die von anderen Prozessen gefordert werden.

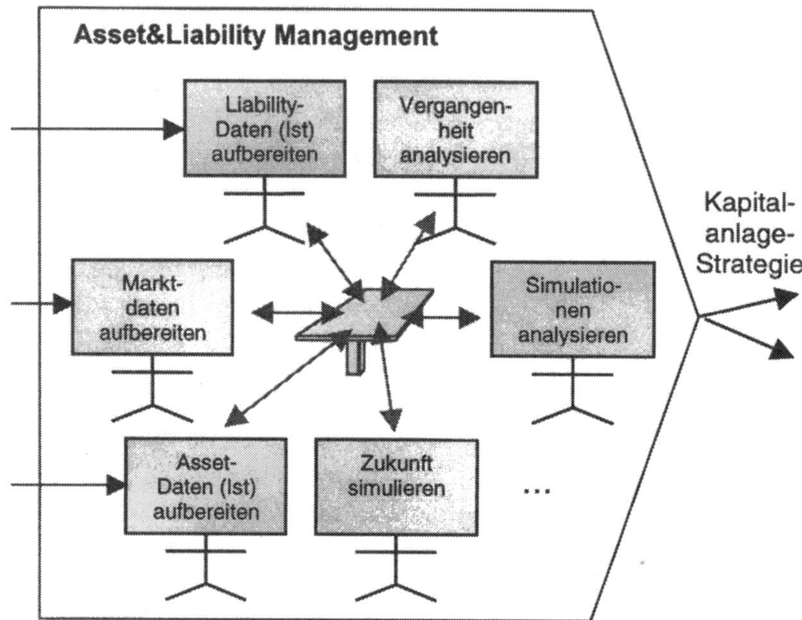

Bild 2.42: Kundenprozess 'Asset&Liability Management'

Als nächsten Schritt hat er pro Produkt die diversen Leistungen zu definieren. Er kann von den in Kapitel 2.2.7 aufgeführten Arten ausgehen. Für das erste Produkt könnten die Leistungen folgendermassen aussehen.

- Auskunft erteilen: Unser Anbieter arbeitet eine Informationsbroschüre aus, die das Produkt beschreibt, und dessen Anwendung erklärt. Diese Broschüre sollte auch in elektronischer Form vorliegen. Das Modell des Kundenprozesses dient ihm als Basis.
- Beratung leisten: Er erstellt einen Beratungsablauf, der die Arbeitsweise des Produktes zeigt. Darauf basierend entwickelt er eine Computeranwendung, indem er sein Asset&Liability Programm nimmt, es auf eine Demonstrationsanwendung reduziert und internetfähig macht. Damit sind potentielle Kunden in der Lage, sein Produkt auf dem Internet kennenzulernen. Für die Erstellung des Beratungsablaufes geht er von der internen Leistungskette seines Prozessmodelles aus.
- Angebot abgeben: Er erarbeitet die Grundlagen für sein Angebot. Dabei achtet er darauf, dass sich ein potentieller Kunde selber ein Angebot erstellen kann. Mittels einer Internetanwendung wird der potentielle Kunde nach einigen Angaben gefragt. Beispielsweise hat der Kunde zu bestimmen, welche Tätigkeiten des Prozesses er unterstützt haben möchte, und wieviele Benutzer damit arbeiten sollen. Auf solchen Angaben basierend wird dem Kunden ein Angebot erstellt.

- Bestellung bearbeiten: Die Bestellung enthält das erarbeitete Angebot. Der Kunde kann die Bestellung elektronisch übermitteln. Beim Anbieter wird sie an die verantwortliche Stelle geleitet.
- Produktleistung liefern: Er definiert den Prozess, der die Produktleistung liefert. Dem Kunden wird über Internet ermöglicht, die Programme und die Dokumentation herunterzuladen. Es wird ihm ein kundenindividuelles Installationsprozedere geliefert.
- Beschwerde entgegennehmen, Problem und Mitteilung bearbeiten: Unser Anbieter richtet ein Kundensupport-Center ein, das dem Kunden ermöglicht, seine Anliegen elektronisch mitzuteilen. Es ist Teil des Gesamtsystems, mit dem er mittels Internet seine Kundenbeziehung pflegt.
- Mitteilungen liefern: Er kennt das Anforderungsprofil eines jeden einzelnen Kunden. Damit ist er in der Lage, kundenindividuell Mitteilungen zu senden.

All diese Leistungen kann der (potentielle) Kunde über die elektronische Kundenbeziehungsplattform beziehen.

2.6.2 Vorgehen zur Gestaltung des Produktes

Dieses Beispiel lässt uns die wesentlichen Schritte zusammenfassen, welche zur Gestaltung des Produktes und der Kundenbeziehung notwendig sind:

- Positionierung des Produktes: Die Art der Produktleistung(en), die durch das Produkt erbracht werden soll, muss definiert werden. Es ist zu differenzieren, ob das Produkt dem Kunden eine Zulieferleistung, eine Investitionsleistung, eine Dienstleistung oder eine Kombination derselben liefern soll.
- Modellierung der Kundenprozesse: Die Prozesse der Kunden sollen modelliert werden. Insbesondere soll damit das Bedürfnis identifiziert werden, das den Kunden veranlassen könnte, die Leistung zu kaufen.
- Beschreibung der Leistungen: Aufgeteilt nach den Phasen der Kundenbeziehung sollen die Leistungen (Produkt- und Hilfsleistungen) beschrieben werden, die dem Kunden geliefert werden sollen.

Resultate und Diskussion

Diese Kapitel hat die Aufgabe, die Kundenbeziehung so zu modellieren, dass diese zusätzlich auf elektronischer Basis betrieben werden kann. Die wesentlichen Konzepte bei der Kundenbeziehung sind deren Phasen, deren Gestaltung, die Anliegen und Leistungen, das Bedürfnis, die Kompetenz und die Prozesse.

- Phasen der Kundenbeziehung: Die Kundenbeziehung läuft in mehreren Phasen ab, an denen verschiedene Prozesse des Anbieters und des Kunden beteiligt sind.
- Gestaltung der Kundenbeziehung: Die Gestaltung des Produktes und der produktorientierten Kundenbeziehung muss koordiniert erfolgen. Die Kundenbeziehung besteht zu einem grossen Teil aus den produktorientierten Kundenbeziehungen.
- Anliegen und Leistung: Die Kundenbeziehung besteht aus Anliegen des Kunden und aus den Leistungen des Anbieters. Die Leistungen werden in Produkt- und Hilfsleistungen unterschieden. Die Produktleistungen des Anbieters werden in Zulieferleistungen, Dienstleistungen und Investitionsleistungen aufgeteilt.
- Bedürfnis: Hinter jeder Leistung steht ein Bedürfnis. Über die Bedürfnisse des Kunden kommt man zur Leistung des Anbieters. Die Bedürfnisse können aus der Modellierung der Kundenprozesse hergeleitet werden. Kennt man die Bedürfnisse des Kunden, und versteht man den Kunden, dann können proaktiv Angebote erstellt werden.
- Prozesse: Die Prozesse können über Prozessklassenhierarchien strukturiert und verwaltet werden. Sie werden mit einem Prozessmodell beschrieben. Das Verhalten von Privaten wird ebenfalls mit Hilfe von Prozessen beschrieben

Zur Situation des Lesers

Versuchen Sie, folgende Resultate zu erarbeiten:

- Prozessmodell eines Kundenprozesses: Modellieren Sie einen Kundenprozess, für den Sie eine Leistung liefern.
- Klassifikation der Prozesse: Erstellen Sie eine Prozessklassifikation eines ihrer Hauptkunden (oder einer Kundenbranche) oder ihrer Firma (siehe Kapitel 2.3.9 'Prozessklassen').
- Entwicklung einer Kundenbeziehung: Beschreiben Sie eine Kundenbeziehung für ein spezifisches Produkt (siehe Kapitel 2.6 'Gestaltung der Leistung und Kundenbeziehung').

3 Die Kundenbeziehungs-Kompetenz

Die Elektronische Kundenintegration (EKI) erfordert eine systematisch strukturierte, in elektronischer Form vorliegende Kundenbeziehungs-Kompetenz. Diese Kompetenz soll Grundlage sein sowohl für die elektronische wie auch für die persönliche Kundenbeziehung.

Systematischer Aufbau

Sie ist die Basis, die es uns erlaubt, den Kunden zu verstehen. Das Verstehen des Kunden auf elektronischer Ebene ist der entscheidende und kritische Baustein für den erfolgreichen Einsatz des elektronischen Kundenbeziehungskanals. Will eine Firma diesen benutzen, dann ist der systematische Aufbau der elektronischen Kundenbeziehungs-Kompetenz unabdingbar.

Versteht man den Kunden auf der elektronischen Ebene, dann spart dies dem Kunden viel Zeit und Mühe; ein Kundennutzen, der immer wesentlicher wird.

Gleichzeitig führt man mehr Kunden schneller und gezielter zu den Anbieterleistungen; ein wichtiger Anbieternutzen.

Der Inhalt dieses Kapitels besteht zu einem grossen Teil aus Beispielen.

Ausgehend von den geschäftlichen Forderungen und Opportunitäten (Kapitel 3.2.2) wird das Prinzip für das Verständnis des Kunden vorgestellt (Kapitel 3.2.3). Als nächstes werden die Bausteine erarbeitet, die die elektronische Kundenbeziehungs-Kompetenz ausmachen (Kapitel 3.3). Zum Schluss werden einige Worte über die Gestaltung der Interaktion verloren (Kapitel 3.4) und ein Werkzeug wird präsentiert, mit dem die elektronische Kundenbeziehungs-Kompetenz gepflegt und weiter entwickelt werden kann.

Einige Abschnitte gehen ins Detail, da sie nicht nur das Was sondern auch das Wie darstellen. Sollte es für den Leser zu mühsam werden, und er gewisse Details nicht wissen möchte, dann kann er, ohne den Faden zu verlieren, zum nächsten Abschnitt springen.

3.1 Motivation

Die Pflege der Kundenbeziehung ist ein Kernprozess einer jeden Firma. Hinter diesem Kernprozess steht als Kernkompetenz das Wissen über die Pflege der Kundenbeziehung, über die eigenen Produkte und die Firma. Zusammen mit dem Prozess zur Gestaltung und Entwicklung der Leistungen bestimmt er am stärksten das Bild einer Firma.

Kundenbeziehung als Kernprozess

Daher ist die Weiterentwicklung der Kundenbeziehungs-Kompetenz zentral für jede Firma. Dieser Geschäftsimperativ gewinnt infolge der Elektronisierung der Kundenbeziehung zusätzlich an Bedeutung. Eine Weiterentwicklung einer zentralen Kompetenz verlangt ein systematisches Vorgehen und basiert auf einem strategischen Entscheid der Firma.

3.2 Die elektronische Kundenbeziehung

3.2.1 Der moderne Kunde

Der moderne Kunde hat wenig Zeit.

- Er hat nicht die Zeit, nach der Leistung zu suchen, die sein Bedürfnis abdeckt.
- Er hat nicht die Zeit, nach dem Anbieter zu suchen, der die von ihm gewünschte Leistung liefert.
- Er hat nicht die Zeit zu suchen, an welche Stelle er sich beim Anbieter wenden muss.
- Er hat auch nicht die Zeit zu warten, bis der Anbieter Zeit für ihn findet.

Mangel an Zeit

Hat der Kunde ein Bedürfnis, dann will er dieses mitteilen und erwartet darauf Antworten, Informationen und Angebote von Anbietern. Möchte er beispielsweise auf Reisen gehen, dann erwartet er, dass sich entsprechende Reiseanbieter melden und ihre Beratung anbieten. Zusätzlich sollte sich, falls nötig, seine Versicherung melden und abklären, ob von einem Versicherungsgesichtspunkt alles geregelt ist. Auch sollte sich seine Bank melden, ob und welcher Handlungsbedarf besteht. Ausserdem erwartet er, dass seine Bank ihn informiert, wie er gewisse Produkte der Bank, wie zum Beispiel die Kreditkarte, am besten auf der Reise einsetzen kann, und was dabei zu beachten ist.

Muss er seine Steuererklärung ausfüllen, sollten sich Anbieter melden, die ihm Leistungen anbieten können, die ihm diese Arbeit erleichtern.

Von Anbietern, von denen er bereits ein Produkt besitzt, sollte er beraten werden, wie dieses Produkt in spezifischen Situationen am besten verwendet wird. Von Anbietern, die Leistungen für spezielle Situationen anbieten, erwartet er Informationen und Angebote zum richtigen Zeitpunkt.

Der Anbieter geht zum Kunden.

Unser Kunde möchte also nicht wissen müssen, wo er eine Leistung suchen muss, oder an wen er sich wenden muss. Er erwartet, dass der Anbieter zu ihm kommt. Kundenorientierung heisst vor allem, dass der Anbieter zum Kunden geht. Vom Anbieter wird eine proaktive Rolle verlangt.

3.2.2 Forderungen und Opportunitäten

Ein Kunde erwartet von der elektronischen Kundenbeziehung die gleichen Leistungen, die er schon von der persönlichen Kundenbeziehung kennt. Er möchte nicht auf Gewohntes verzichten müssen, wird sich aber andrerseits schnell an neue Möglichkeiten gewöhnen, die ihm offeriert werden. Grundsätzlich will ein Kunde, dass sein Anliegen individuell, kompetent und unverzüglich beantwortet und behandelt wird.

Kundensicht

Zentrale Forderungen aus Kundensicht sind:

- Der Kunde will sein Anliegen verbal in seiner Sprache und mit seiner Begriffswelt formulieren. Der Kunde will nicht nach den Begriffen des Anbieters suchen müssen. Auch will er nicht zuerst herausfinden müssen, welches Anliegen er haben darf. Ebenso lässt er sich ungern in strukturierte Abfragen drängen, da diese von ihm immer wieder Entscheidungen verlangen.
- Der Kunde will seine Information schnell finden. Er will nicht zuerst suchen müssen, an wen er sein Anliegen richten darf. Suchen bedeutet Aufwand und kostet Energie und Zeit. Beides verursacht Kosten.
- Der Kunde will Unterstützung und Beratung. Produkte werden tendenziell komplexer und mächtiger, bei nicht notwendigerweise steigenden Preisen. Damit werden die Kosten aufgrund der Zeit, die der Kunde bei schlechter Unterstützung und Beratung verliert, immer wesentlicher.
- Der Kunde will Ort und Zeitpunkt der Leistung bestimmen.

Neue Möglichkeiten

Die Kundenbeziehung auf persönlicher Basis kann nur einen Teil dieser Anforderungen abdecken. Die elektronische Kundenbeziehung hingegen besitzt das Potential, diesen Forderungen zu entsprechen. Dazu muss es uns jedoch gelingen, die Kundenbeziehungs-Kompetenz in eine elektronische Form zu bringen. Gelingt uns das, dann erhalten wir neuartige Möglichkeiten.

- Es kann die Einschränkung von Ort und Zeit überwunden werden. Der Kunde kann von jedem Ort aus und zu jeder Zeit mit dem Anbieter kommunizieren und dessen Leistungen abrufen.
- Es kann die Beratungsleistung aufgrund der Automatisierung beliebig gesteigert werden. Zudem erhält der Kunde die Beratungsleistung prompt.

- Es kann dem Kunden das Suchen abgenommen werden. Sein Anliegen wird von den Anbietern entgegengenommen. Diejenigen, die eine passende Leistung anbieten können, melden sich, informieren ihn und geben Angebote ab.

Diese Besonderheiten der elektronischen Kundenbeziehung sollten ausgenutzt werden. Mit einer reinen Nachahmung der persönlichen Kundenbeziehung würde man dem Potential der elektronischen Kundenbeziehung nicht gerecht werden.

3.2.3 Das Prinzip des Verstehens

Das Verstehen des Kunden in der elektronischen Welt ist die zentrale Herausforderung bei der elektronischen Kundenbeziehung.

Die Kundenbeziehungs-Kompetenz

Die Kundenbeziehungs-Kompetenz kann als das Wissen betrachtet werden, Kundenanliegen in Leistungen zu überführen. Hat ein Kunde beispielsweise das Anliegen, ein Haus zu bauen, dann sollten Banken Hypothekarangebote unterbreiten, damit der Bau finanziert werden kann. Oder hat ein Bankkunde seine Kontokarte verloren, dann sollte er dieses Anliegen, wie andere Anliegen auch, an immer den gleichen Anlaufpunkt richten können. Er sollte dann erwarten dürfen, dass seine Bank sich seines Problemes annimmt und ihn über die eingeleiteten Schritte informiert. Der Kunde sollte nicht suchen müssen, welches Anliegen er an welche Stelle richten muss.

Charakter einer Firma

Einerseits charakterisieren die Leistungen, die eine Firma nach aussen anbietet, und die Art des Angebotes das Verhalten einer Firma. Andrerseits wird das Verhalten einer Firma durch die Art der Aufnahme der Kundenanliegen bestimmt.

Der hier vorgestellte Ansatz beruht auf der in Bild 3.1 dargestellten Metapher.

Die Leistungen eines Anbieters werden als autonome, aktive Elemente verstanden, die ihre Augen auf die erscheinenden Kundenanliegen richten und nach Inhalten absuchen. Findet eine Leistung eine gewisse Übereinstimmung mit dem Inhalt, dann meldet sie sich. Bildlich gesprochen, die Leistungen sind kleine 'Kundenberater', die sich hoch motiviert auf die Kundenanliegen stürzen, um eine Leistung erbringen zu können.

Definierte Leistungen

Diese Metapher geht davon aus, dass die Leistungen vordefiniert und standardisiert sind. Somit wird nicht je nach Kundenanliegen eine Leistung neu erzeugt, sondern es wird diejenige Leistung gesucht (oder es werden diejenigen Leistungen gesucht), die das Kundenanliegen am besten befriedigt (befriedigen). Man könnte hier einwenden, dass der Kunde eventuell eine unbefriedigende Leistung erhält, da sie nicht exakt auf sein Kundenanliegen ausgerichtet wird. Dem ist zu entgegnen, dass ein Anbieter zum voraus wissen muss, was er anbieten kann und was nicht. Er kann nicht auf ein neues Anliegen schnell eine neue Leistung hervorzaubern. Darunter würde die Qualität der Leistung leiden. Das heisst aber nicht, dass er nicht flexible Leistungen offeriert, die auf die Bedürfnisse des einzelnen Kunden angepasst werden können. Eine vordefinierte Leistung kann hoch modular und flexibel gestaltet sein, damit sie den individuellen Bedürfnissen des Kunden möglichst genau entsprechen kann. Vordefinierte, standardisierte Leistungen sind ein typisches Merkmal der Industrialisierung. Vor der Industrialisierung wurden Waren spezifisch erstellt. Jede war speziell. Infolge der Industrialisierung und der damit automatisierten Produktion von Ware kam es zur Standardisierung. Die gleiche Erscheinung ist auch bei der Information zu beobachten.

Bild 3.1:
Metapher zum
Zeigen des Prinzips

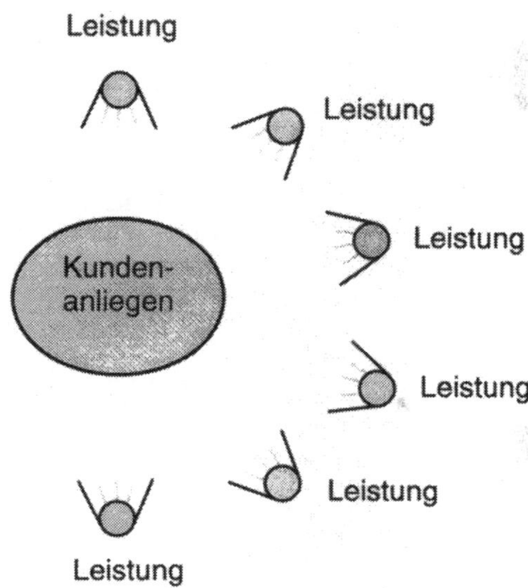

Die auf dieser Metapher basierende Kundenbeziehungs-Kompetenz besteht aus der Definition der Leistungen des Anbieters und der Gestaltung der zugehörigen 'Augen'.

Beispiel zur Illustration des Prinzips

Ein Beispiel soll das Prinzip konkretisieren. Ein Kunde einer Bank beschwert sich, dass die Hypothekarzinsen nicht gesenkt wurden, obwohl andere Banken eine Senkung durchgeführt hätten. Er schreibt: "Bitte sagen Sie mir, wieso Sie Ihre Hypothekarzinsen immer noch nicht gesenkt haben."

Filterung

Die Bank hat eine Leistung definiert, die solche Anliegen behandelt. Sie besteht aus einer Stellungnahme zur Senkung der Hypothekarzinsen von anderen Banken. Die wichtigen Begriffe, welche diese Leistung zum Aktivwerden veranlassen, sind 'Hypothekarzins' und 'gesenkt'. In einem ersten Schritt sind die wesentlichen Begriffe herauszufiltern. Dazu sind in einem Domänenmodell die wesentlichen Begriffe einer Bank aufgeführt. Im Verlauf dieses Kapitels werden ein derartiges Domänenmodell und dessen Erstellung sehr detailiert beschrieben. Vorerst reicht es, wenn wir annehmen, es gäbe solche Schlüsselbegriffe. Der Filtermechanismus muss nun aber auch genügend elastisch sein, um die verschiedenen Varianten eines Begriffes herausfiltern zu können. Beispielsweise muss er die verschiedenen Formen von Verben kennen. Zusätzlich muss er fehlertolerant sein.

Der Filtermechanismus hat die Begriffe 'Hypothek', 'Zins' und 'senken' gefunden. Zudem hat der Kunde, bevor er den Text eingegeben hat, mitgeteilt, er hätte eine Beschwerde. Dadurch, dass der Kunde seine Absicht bekanntgegeben hat, werden nur Leistungen aktiv, die auf genau diese Absicht reagieren sollen. In unserem Beispiel sind das diejenigen, welche auf eine Beschwerde reagieren können. Jede Leistung hat ihr 'Auge' und prüft das Anliegen auf eine Übereinstimmung, indem sie die herausgefilterten Begriffe abarbeitet.

Muster

Ein Auge einer Leistung besteht aus Mustern. Ein Muster einer Leistung sei beispielsweise {Hypothek, Zins, senken}. Bei diesem Muster ergibt sich eine vollständige Übereinstimmung mit dem Kundenanliegen. Folglich meldet sich die zugehörige Leistung. Da die Übereinstimmung auch partiell sein kann, können sich mehrere Leistungen melden. Diejenigen Leistungen mit der stärksten Übereinstimmung werden dem Kunden als Auswahl präsentiert. Jede Leistung ist mit einer kurzen Beschreibung versehen, die als Bestätigungsfrage formuliert ist, wie: "Möchten Sie unsere Stellungnahme zur Hypothekarzinssenkung sehen?".

Die Darstellung in Bild 3.2 ist eine Verallgemeinerung des Beispieles und stellt das Prinzip dar:

Das textlich formulierte Anliegen (1) wird gefiltert (2). Der Filter benötigt dazu ein Domänenmodell (3). Dieses Domänenmodell besteht aus Begriffen, welche für das Verständnis der Anliegen relevant sind. Das Resultat des Filterungsprozesses setzt sich aus einer Liste von Begriffen (4) zusammen, die alle im Domänenmodell vorkommen. Als nächster Schritt wird eine Mustererkennung ('Pattern Matching') (5) zwischen der Begriffsliste und den einzelnen Mustern der Leistungen (6) durchgeführt. Dazu ist anzumerken, dass jede Leistung ein oder mehrere Muster enthalten kann. Diese Muster bestehen wiederum aus Begriffen des Domänenmodells. Die Muster mit der stärksten Übereinstimmung erhalten den Zuschlag. Über diese Muster sind damit die Leistungen (7) bestimmt, die dem Kunden als Auswahl präsentiert werden.

Bild 3.2:
Prinzipieller Ablauf

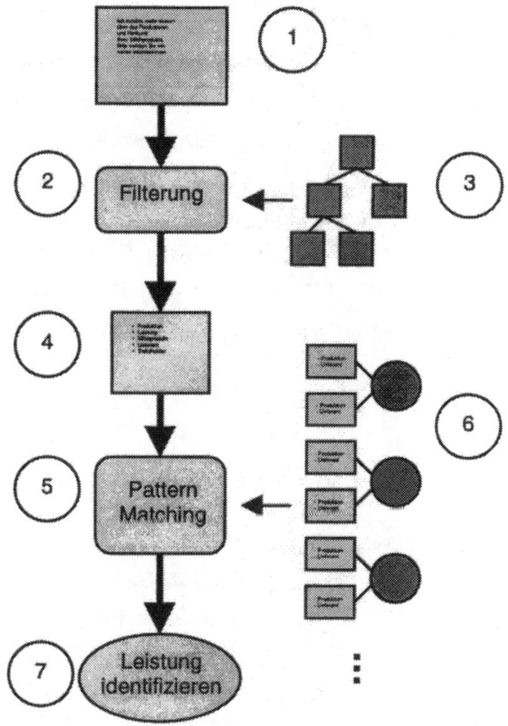

Zusammenfassend kann festgehalten werden: Damit ein Kundenanliegen einer Leistung zugeordnet werden kann, müssen als erstes die Leistungen des Anbieters definiert werden, zweitens muss das Domänenmodell aufgebaut werden und drittens müssen die Leistungen mit 'Augen' in Form von Begriffsmustern ausgestattet werden.

3.2.4 Die Leistungen

Unter Leistung wird eine beliebige Aktion der Firma nach aussen verstanden. Eine willkürliche Auswahl von Anliegen, auf die mit einer Leistung reagiert werden kann, sind beispielsweise:

- Ein Kunde hat das Problem, dass seine Nahrungsmittel von Maden befallen wurden.
- Eine Kunde machte eine Erbschaft und möchte sein Geld anlegen.
- Ein Kunde möchte sich ein Auto kaufen.
- Ein Kunde möchte Ferien machen, wobei er am liebsten Wandern und Baden kombinieren möchte.
- Ein Kunde beschwert sich über die lange Wartezeiten bei Ein- und Auszahlungen.

- Ein Kunde möchte Informationen über das Aktiensparen.
- Ein Kunde möchte sein Haus renovieren.
- Ein Kunde kaufte verdorbene Joghurts.
- Ein Kunde hatte einen Autounfall in Frankreich.

Klassifikation Anliegen

Damit die Menge der möglichen Kundenanliegen handhabbar wird, benötigen wir eine Klassifikation. Eine Klassifikation ergibt sich aufgrund der Absicht des Kunden. Die in Kapitel 2.2.4 beschriebenen Arten sind:

- Frage: Der Kunde möchte eine Information vom Anbieter.
- Bedürfnis: Der Kunde hat ein Bedürfnis und möchte eine Leistung des Anbieters.
- Bestellung einer Leistung: Der Kunde möchte eine Leistung des Anbieters bestellen. Damit kauft er diese Leistung.
- Leistung nutzen: Der Kunde möchte eine Leistung in Anspruch nehmen, die er gekauft hat.
- Beschwerde: Der Kunde hat eine Beschwerde und möchte, dass sich der Anbieter dieser Beschwerde annimmt.
- Problem: Der Kunde hat ein Problem. Er möchte, dass ihn der Anbieter berät und das Problem löst.
- Mitteilung: Der Kunde hat eine Mitteilung. Er möchte den Anbieter informieren, dass sich bei ihm etwas geändert hat (beispielsweise seine Adresse).

Klassifikation Leistungen

Diese Klassifikation der Anliegen verhilft uns zu einer ersten Klassifikation der Leistungen. Jedes Anliegen des Kunden soll eine Leistung des Anbieters bewirken. Damit unterteilt man die Leistungen nach den Arten der Anliegen. Man hat somit die folgenden Arten von Leistungen (siehe auch Kapitel 2.2.7):

- Auskunft erteilen: Der Anbieter gibt Auskunft auf eine Frage.
- Angebot machen: Der Anbieter macht ein Angebot aufgrund eines Kundenbedürfnisses.
- Bestellung bearbeiten: Der Anbieter nimmt die Bestellung entgegen. Er liefert darauf, wenn nötig, den Vertrag.
- Leistung liefern: Der Anbieter liefert die Leistung.
- Beschwerde entgegennehmen: Der Anbieter bearbeitet die Beschwerde und gibt Erklärungen ab.
- Problem bearbeiten: Der Anbieter nimmt sich des Problemes an und versucht es zu lösen.
- Mitteilung entgegennehmen: Der Anbieter nimmt die Mitteilung des Kunden entgegen und bearbeitet sie.

- Mitteilungen liefern: Der Anbieter macht den Kunden auf etwas aufmerksam oder liefert ihm eine Information.

Pflege der Leistung

Eine zweite Klassifikation geht von der Pflege der Leistungen aus. Diverse anbieterinterne Stellen sind für die Erstellung der Leistungen und deren Pflege verantwortlich. Die Leistungen werden nach diesen Stellen unterteilt.

Ein Beispiel einer Klasse von anbieterinternen Stellen, die für gewisse Leistungen zuständig sind, ist beispielsweise das Produktmanagement einer Bank. Das Produktmanagement für Hypotheken beispielsweise ist zuständig für die Beantwortung von Fragen über Hypotheken, für die Arten von Bedürfnissen, bei denen eine Hypothek angeboten werden soll, für die Behandlung von Beschwerden und Problemen im Umfeld der Hypothek und für den eigentlichen Leistungsumfang einer Hypothek.

3.2.5 Das Domänenmodell

Abstraktionsstruktur

Das Domänenmodell soll alle für das Verständnis des Kunden wichtigen Begriffe beinhalten. Für die Pflege und die Mächtigkeit des Domänenmodells ist ein strukturierter Aufbau von grundsätzlicher Bedeutung. Domänenmodelle sind, wie der Name sagt, domänenspezifisch. Das Domänenmodell geht von den abstrakten Begriffen zu immer spezifischeren Begriffen. Es beinhaltet eine Abstraktionsstruktur.

Die Aufgabe des Domänenmodells ist es, die wesentlichen Begriffe aus dem Kundenanliegen herauszufiltern.

Der abstrakte Teil des Domänenmodells ist für alle Firmen gleich; er ist in Bild 3.3 beschrieben. Die zweite Ebene ist eine grammatikalische Aufteilung des Begriffes in Objekt, Adjektiv, Verb und Adverb.

Objekt

Ein Objekt ist ein absoluter Begriff, der für sich alleine stehend eine Aussagekraft besitzt. Beispiele sind Baum, Berg, Stein, etc.

Adjektiv

Ein Adjektiv ist ein Attribut eines Objektes. Dieser Begriff ist relativ, da er für sich alleine stehend, keine Aussagekraft hat. Beispielsweise hat das Adjektiv 'gross' ohne zugehöriges Objekt keine Bedeutung.

Verb

Ein Verb beschreibt eine Tätigkeit und bezieht sich auf ein oder mehrere Objekte. Ein Beispiel für den ersten Fall ist 'Ein Baum biegt sich'. Ein Beispiel für den zweiten Fall ist 'Ein Baum biegt sich infolge des Windes'. Auch das Verb ist ein relativer Begriff (Bemerkung: Es wird hier nicht zwischen Subjekt und Objekt unterschieden wie in der Grammatik, beides sind für uns Objekte).

Adverb

Ein Adverb ist ein Attribut eines Verbes wie beispielsweise 'noch'. Ein Beispiel dazu wäre 'Verkaufen Sie noch inländische Erdbeeren?'. Auch das Adverb ist ein relativer Begriff.

Bild 3.3: Domänenmodell, allgemeiner Teil

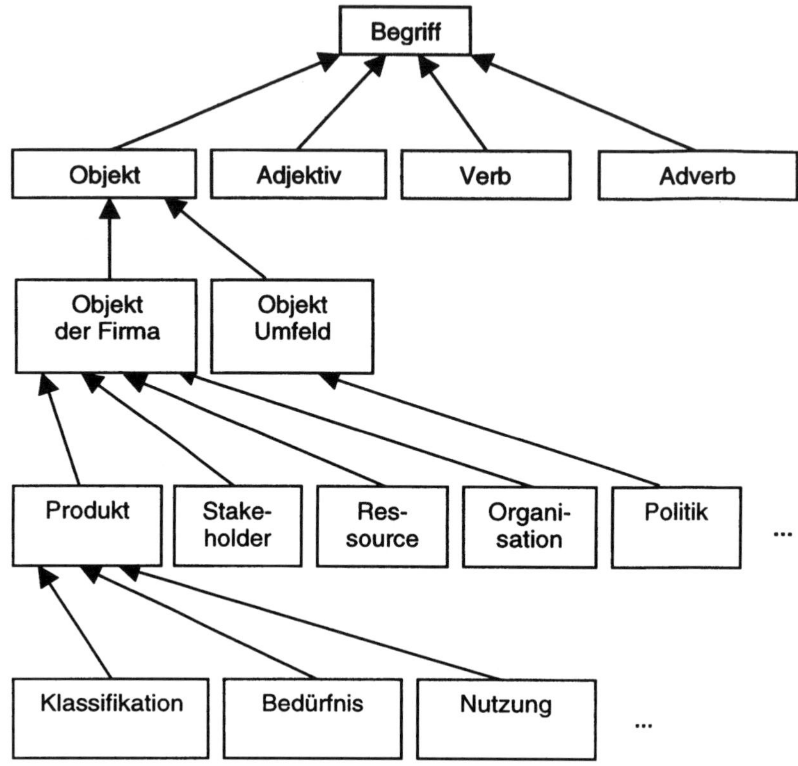

Der Begriff Objekt ist der einzige absolute Begriff. Er bildet den Hauptzweig im Domänenmodell und wird unterteilt in Objekt der Firma und in Objekt des Firmenumfeldes. Beide Objekte sind Aspekte der Firma.

Objekte der Firma sind Firmenaspekte wie angebotenes Produkt, 'Stakeholder' der Firma, Ressource und Organisation.

Objekte des Umfeldes sind Aspekte wie Politik, Kultur, Soziales, Ökologie und Sport.

Objekt Produkt

Das Produkt ist der wesentliche Begriff für die Kundenbeziehungs-Kompetenz, da die Produkte schliesslich das wesentliche Bindeglied zwischen Kunde und Anbieter sind. Alle weiteren Begriffe dienen zur Formulierung der Kundenbeziehung, deren Kernelemente die Produkte sind. Das Produkt wird in die Aspekte Klassifikation, Bedürfnis und Nutzung unterteilt. Weitere Aspekte des Produktes sind branchenspezifische wie Verpackung.

Für ein Warenhaus ergibt sich die in Bild 3.4 dargestellte mögliche weitere Unterteilung des Produktes.

Bild 3.4:
Unterteilung des Produktes

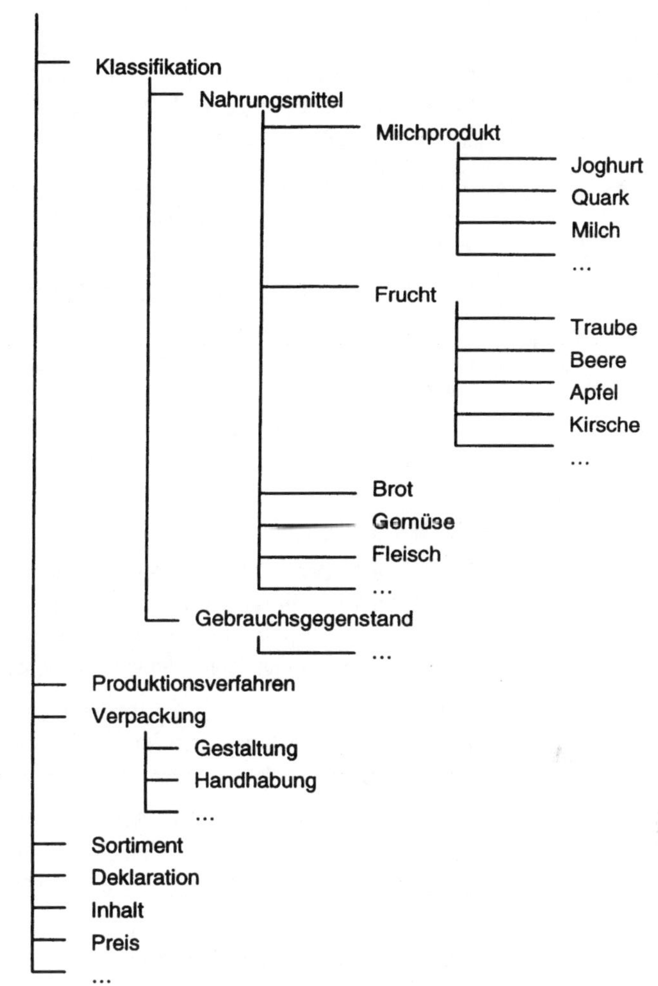

Stakeholder

Die Stakeholders einer Firma sind die Mitarbeiter, die Kunden, das Management, die Lieferanten und je nach Firmenform Aktionäre, Genossenschafter, etc.

Ressource

Als Ressourcen hat eine Firma finanzielle Ressourcen, Material, Systeme, Gebäude, etc. Diese Unterteilung kann aus dem Aufbau der Bilanz hergeleitet werden.

Organisation

Die Organisation kann verschiedene Aspekte umfassen wie die juristische Struktur mit Tochtergesellschaften und Niederlassungen, die funktionale Struktur und die Prozessstruktur.

Synonyme

All diese Begriffe werden mit Synonymen verknüpft. Diese haben eine ausserordentlich wichtige Aufgabe, indem sie die Begriffswelt des Kunden darstellen.

Im Gegensatz zu den Objekten haben die relativen Begriffe eine eher flache Struktur. Ein Beispiel eines Adjektives mit einer weiteren Unterebene ist 'verdorben'. Es besitzt spezifischere Unterbegriffe wie 'faul', 'schimmelig' und 'ranzig'.

Wie wir später sehen werden, nehmen die Objekte als absolute Begriffe eine Sonderstelle ein, da sie auch zur Strukturierung der Leistung benutzt werden.

3.2.6 Die Muster

Die Muster bilden die 'Augen' der Leistungen (siehe auch Bild 3.1). Ein Muster ist eine Kombination von Begriffen aus dem Domänenmodell. Eine Leistung kann eine Vielzahl von Mustern haben. Jedes Muster beschreibt einen Aspekt, bei dem die entsprechende Leistung aktiv werden soll.

Der Aufbau eines Musters hat gewissen Richtlinien zu folgen wie: Ein Muster besteht aus mindestens einem Objekt; ein Adverb kann nur erscheinen, wenn ein Verb vorhanden ist.

Leistungen können auf verschiedenen Abstraktionsebenen definiert werden. Je abstrakter eine Leistung ist, desto mehr Anliegen deckt sie gleichzeitig ab. Sie geht dabei aber auch weniger spezifisch auf ein Anliegen ein.

Die Abstraktionsstruktur und ihre Bedeutung.

Nehmen wir beispielsweise die Leistung, welche allgemein Beschwerden über verdorbene Früchte beantwortet. Ein naheliegendes Muster besteht aus den Begriffen {Frucht, verdorben}. Dieses Muster deckt aufgrund der Abstraktionsbeziehungen im Domänenmodell ein breites Spektrum von Anfragen ab. Haben wir beispielsweise das Anliegen 'Ich kaufte heute faule Erdbeeren', dann wird unser Muster aktiv, weil in unserem Domänenmodell Erdbeere eine Spezialisierung von Frucht ist. Zudem ist 'faul' eine Spezialisierung des Adjektives 'verdorben'.

Die Abstraktionsstruktur des Domänenmodelles ist ein mächtiges Mittel für die Mustererkennung ('Pattern Matching').

Bei der Definition der Muster ist sehr entscheidend, dass die Begriffe aus einer Kundensicht definiert und kombiniert werden, denn der Kunde formuliert seine Anliegen nicht in der Sprache und mit den Begriffen des Anbieters, sondern in seiner eigenen Sprache mit seinen eigenen Begriffen.

Positionierung von Leistungen

Die Muster haben neben der Analyse der Kundenanliegen die weitere wesentliche Aufgabe, die Leistungen zu positionieren und zu identifizieren. Leistungen werden über die Muster beschrieben und die Muster beinhalten Objekte, die die Abstraktionsebene des Musters und damit die der Leistung definieren. Diese Objekte und deren Abstraktionen können damit zur Strukturierung der Leistungen beigezogen werden.

Als Beispiel nehmen wir die Leistung, welche Auskunft über die Verpackung von Früchten gibt. Diese Leistung hat das Muster {Frucht, Verpackung}. Beide Begriffe dieses Musters sind Begriffe in der Begriffshierarchie unterhalb des Begriffes Produkt. Eine vorerst vereinfachte Positionierungsregel ist, die Leistung an einem der Begriffe der Produkthierarchie anzuhängen, welcher im Muster vorkommt. Bei unserem Beispiel würden wir die Leistung an den Begriff Frucht oder Verpackung anhängen.

3.3 Die Entwicklung der Kundenbeziehungs-Kompetenz

Die Komponenten der Kundenbeziehungs-Kompetenz sind die Leistungen, das Domänenmodell und die Muster. Diese drei Komponenten stehen miteinander in Beziehung. Diese Beziehungen versuchen wir auszunutzen, damit nach klaren Richtlinien eine konsistente und gut pflegbare Kundenbeziehungs-Kompetenz entwickelt werden kann.

Mit Hilfe von Beispielen soll im folgenden das Vorgehen beschrieben werden.

3.3.1 Die Strukturierung der Leistungen

Zur Strukturierung der Leistungen bietet sich als leitende Struktur der absolute Teil des Domänenmodelles an, also die Objektteilstruktur des Domänenmodelles. Eine Firma wird nach Bild 3.3 in Aspekte aufgeteilt wie nach ihren Produkten, 'Stakeholders' und Ressourcen.

Das Prinzip der Entwicklung soll anhand des Firmenaspektes Produkt gezeigt werden. Die Produkte werden in Aspekte unterteilt. Sinnvoll ist eine erste branchenspezifische Klassifikation. Geht man weiter ins Detail, dann werden sie firmenspezifisch.

Die Struktur der Produkte beispielsweise eines Warenhauses könnte wie die in Bild 3.5 dargestellte aussehen.

Bild 3.5:
Produktstruktur eines Warenhauses

- Klassifikation (ist_aspekt_von)
  - Nahrungsmittel (ist_ein)
    - Gemüse (ist_ein)
      - Salat (ist_ein)
      - ...
    - Frucht (ist_ein)
      - Banane (ist_ein)
      - Apfel (ist_ein)
      - Kirsche (ist_ein)
      - ...
    - Fleisch (ist_ein)
      - Schweinefleisch (ist_ei
      - Rindsfleisch (ist_ein)
      - ...
    - Fisch (ist_ein)
    - Brotwaren (ist_ein)
    - ...
  - Gebrauchsgegenstand (ist_ein)
    - ...
- Verpackung (ist_aspekt_von)
  - Gestaltung (ist_aspekt_von)
  - Handhabung (ist_aspekt_von)
  - ...
- Qualität (ist_aspekt_von)
  - Fremdkörper (ist_aspekt_von)
    - Raupe (ist_in_rolle_von)
    - Sand (ist_in_rolle_von)
  - Geschmack (ist_aspekt_von)
    - Reife (ist_aspekt_von)
    - ...
  - Aussehen (ist_aspekt_von)
    - Mängel (ist_aspekt_von)
    - ...
  - Geschmack (ist_aspekt_von)
  - ...
- Herkunft (ist_aspekt_von)
- Produktion (ist_aspekt_von)
- Inhalt (ist_aspekt_von)

Ontologie

In Kapitel 3.2.5 wurde bereits die gleiche Struktur dargestellt. In der hier vorliegenden Struktur wurde die Art der Beziehung ergänzend beigefügt. Sie gibt über die Abstraktionsbeziehung Auskunft, die zum übergeordneten Begriff besteht. Solche Strukturen bilden einen wesentlichen Teil sogenannter Ontologien (siehe Glossar). Darin werden folgende Arten von Abstraktionsbeziehungen gebraucht:

- Ist_aspekt_von: Der spezifischere Begriff ist ein Aspekt seines abstrakteren Begriffes. Er stellt einen Gesichtspunkt dar.
- Ist_ein: Der abstraktere Begriff ist eine Generalisierung des spezifischeren Begriffes. Der spezifischere Begriff kann nur mit einem einzigen generelleren Begriff eine ist_ein-Beziehung haben (exklusiv); d.h. die Unterbegriffe eines Begriffes sind disjunkt. Diese Beziehung spiegelt die Natur des Begriffes wieder. Beispielsweise ein Mensch ist ein Lebewesen.
- Ist_in_rollc_von: Der Unterschied zur ist_ein-Beziehung ist, dass der spezifischere Begriff zu mehreren generellen Begriffen eine ist_in_rolle_von-Beziehung haben kann. Die ist_in_rolle_von-Beziehung reflektiert ein Rollenverhalten. Ein Mensch kann beispielsweise in der Rolle eines Autofahrers sein oder in der eines Sportlers.

Rolle der Hierarchie

Möchte man nun die Leistungen definieren, welche Anfragen über die Produkte beantworten, dann kann von der Objektstruktur der Produkte ausgegangen werden. Zwischen dieser Struktur und der Strukturierung der Leistungen, die sich auf die Produkte beziehen, gibt es eine enge Beziehung.

In der Objektstruktur der Produkte gibt es als erste Schicht die verschiedenen Aspekte des Produktes. Die Klassifikation wird auch als ein Aspekt des Produktes angesehen, obwohl dieser Aspekt einen besonderen Stellenwert hat. Die Begriffe der Klassifikation sind nämlich die Produkte selber. Man erkennt dies auch in der Abstraktionsbeziehung ist_ein, welche die Natur des Begriffes wiederspiegelt. Die anderen Aspekte des Produktes hingegen beschreiben Gesichtspunkte der Produkte. Man erkennt dies auch an den Abstraktionsbeziehungen ist_aspekt_von oder ist_in_rolle_von. Die Klassifikationsstruktur wird auch Taxonomie genannt.

Beispielsweise ist das Gemüse ein Nahrungsmittel. Nahrungsmittel und Gemüse sind Produkte (oder Produktklassen). Die Verpackung hingegen ist nur ein Gesichtspunkt der Produkte. So hat das Gemüse eine Verpackung, ebenso wie die anderen Begriffe der Klassifikationsstruktur.

Die Begriffe der Klassifikationsstruktur, also die Produkte selbst, werden von den verschiedenen Begriffen der anderen Produktaspekte aus betrachtet und stehen mit ihnen in Beziehung. Bild 3.6 soll dies veranschaulichen.

Bild 3.6:
Produkt und dessen Aspekte

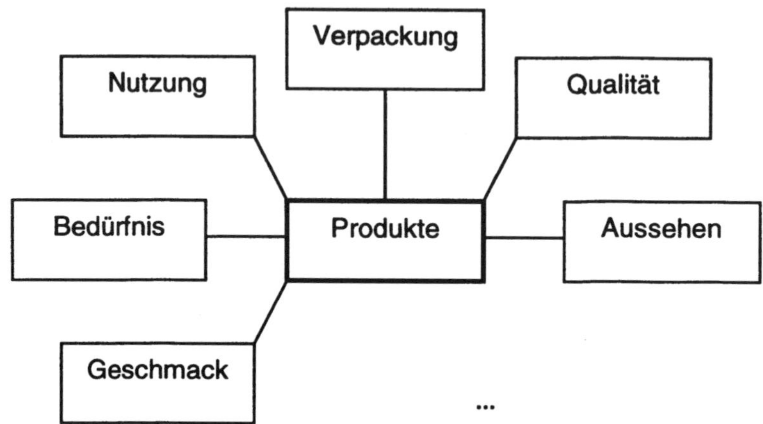

Die Begriffe des Klassifikationsaspektes nennen wir Klassifikationsobjekte (KO) und die der anderen Aspekte Aspektobjekte (AO).

KO und AO

Möchte ein Kunde eine Auskunft zu einem Produkt, dann möchte er diese zum Produkt allgemein oder zu einem gewissen Aspekt des Produktes. Damit kann die Leistung, die eine Auskunft über ein Produkt gibt, mittels eines Klassifikationsobjektes (KO) alleine oder mit einem Aspektobjekt (AO) zusammen positioniert werden.

Positionierungsmuster

Eine Leistung, die beispielsweise eine Auskunft über die Verpackung von Gemüse gibt, kann beim Gemüse oder bei der Verpackung positioniert werden (Bild 3.7). Unsere Notation für die Positionierung von Leistungen schreibt sich als KO*AO; in unserem Falle als Gemüse*Verpackung. Diese Positionierungen sollen Positionierungsmuster genannt werden. Es kann vorkommen, dass in Klammer das übergeordnete Objekt zusätzlich erscheint, beispielsweise Gemüse*Handhabung(Verpackung). Verpackung wäre hier das übergeordnete Objekt von Handhabung (siehe auch Bild 3.7).

Die Positionierung ist insofern bedeutsam, da sie bei der Pflege der Leistungen hilft. Wir wissen, wo wir eine Leistung suchen müssen, da wir die Leistungen innerhalb des Domänenmodelles positionieren können.

Bild 3.7:
Positionierung einer Leistung

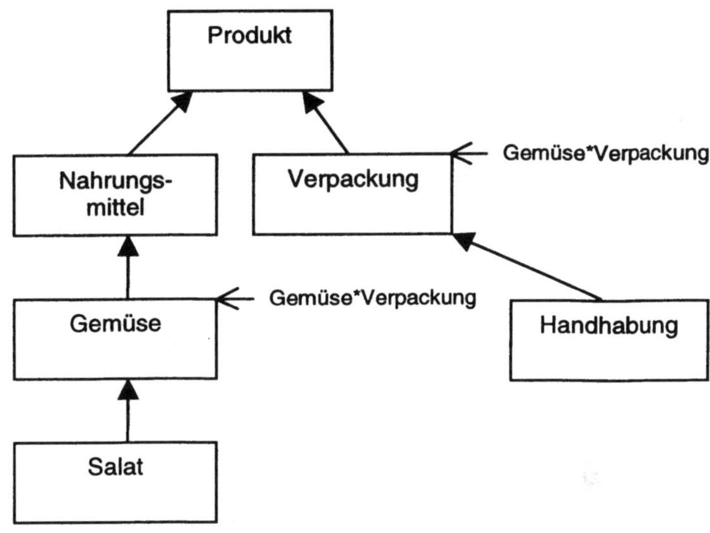

Hierarchie der Leistungen

Man könnte aber über die vielen Kombinationsmöglichkeiten beunruhigt sein, die möglich sind. Uns kommt aber zu Hilfe, dass diese Kombinationen eine Hierarchie besitzen. Beispielsweise ist die Kombination Salat*Handhabung(Verpackung) direkt hierarchisch derjenigen von Gemüse*Handhabung(Verpackung) untergeordnet. Die abstrakteste Kombination wäre die Kombination Nahrungsmittel*Verpackung (siehe Bild 3.7). Denn geht man je von Verpackung und Salat die Abstraktionsbeziehungen hinauf, dann trifft man sich beim gemeinsamen Objekt Produkt. Die direkt darunter liegenden Objekte sind Verpackung und Nahrungsmittel. Demnach ist die abstrakteste Kombination Nahrungsmittel*Verpackung.

Abstrakteste Leistungen

Die Leistung Nahrungsmittel*Verpackung ist ein Vertreter der abstraktesten Leistungen, welche im Bereich Produkt möglich sind. Diese Leistungen sind definiert durch die Aspekte von Produkt und durch Nahrungsmittel. Weitere Beispiele sind Nahrungsmittel*Inhalt, Nahrungsmittel*Qualität, Nahrungsmittel*Produktion und Nahrungsmittel*Herkunft.

3.3.2 Die Vollständigkeit

Für die Vollständigkeit der Kundenbeziehungs-Kompetenz sind die abstraktesten Leistungen wesentlich, weil damit die Breite der Leistungen abgedeckt werden kann. Hat man beispielsweise eine Anfrage, die sich auf die Verpackung von Äpfeln bezieht, und nehmen wir an, wir hätten keine Leistung betreffend Apfel*Verpackung, dann erhält der Kunde zumindest eine Antwort von der Leistung Nahrungsmittel*Verpackung. Diese Antwort ist zugegebenermassen allgemeiner, aber sie ist nicht falsch. Sollte es nun aber oft Anliegen geben, bei denen es um die Verpackung von Äpfeln geht, dann definiert man eine spezifische Leistung für Apfel*Verpackung.

Diese Beispiele zeigen, dass es wichtig ist, zuerst die abstrakten Leistungen zu definieren. Anschliessend kann je nach Häufigkeit der Anliegen in die Tiefe gegangen werden. Die Kundenbeziehungs-Kompetenz wird damit immer umfassender, ohne dass sie an Qualität verliert.

3.3.3 Die Positionierung der Leistungen

Diese Beispiele zeigen auch, dass die Leistungen nach der Objektstruktur des Domänenmodells strukturiert werden können.

Positionierungs-muster

Um die Strukturierung der Leistungen zu vereinfachen, definiert man zu jeder Leistung explizit ein Positionierungsmuster. Positionierungmuster sind beispielsweise die vorher erwähnten Muster wie Apfel*Verpackung und Nahrungsmittel*Herkunft.

Bisher bestanden die Positionierungsmuster aus einem Klassifkationsobjekt (KO) und einem Aspektobjekt (AO) oder aus einem KO alleine. Die allgemeine Regel ist die folgende: Ein Positionierungsmuster besteht aus mindestens einem KO und keinem bis mehreren AO; beispielsweise Nahrungsmittel, Nahrungsmittel*Verpackung und Nahrungsmittel*Verpackung*Aussehen.

Es gibt Regeln, die uns beim Definieren der Positionierungsmuster und damit beim Positionieren der Leistungen helfen.

Hat eine Leistung nur ein KO und keine AOs, dann bezieht sich die Leistung direkt auf das KO. Es sollte aber nur eine solche Leistung pro KO geben. Gibt es mehrere solcher Leistungen auf das gleiche KO, dann kann man davon ausgehen, dass bei den Leistungen AOs fehlen. Man versucht somit, den Leistungen bereits existierende AOs zuzuweisen. Sollte man keinen passenden Aspekt finden, dann muss ein neuer im Domänenmodell geschaffen werden.

Hat man beispielsweise die Leistung, welche auf die Beschwerde von unhandlichen Verpackungen reagiert, mit den Mustern {Produkt, unhandlich} und {Produkt, schwer, öffnen} (das Postionierungsmuster ist Produkt), dann weiss man aufgrund der letztgenannten Regel, dass ein AO fehlt. Das fehlende AO ist die Handhabung. Man ergänzt somit das Positionierungsmuster zu Produkt*Handhabung. Würde der Begriff Handhabung im Domänenmodell fehlen, dann müsste dieses Objekt im Domänenmodell aufgenommen werden.

Bild 3.8 zeigt die Strukturierung der Leistungen anhand eines Teils der Objektstruktur von Produkt. Der Einfachheit halber sind die Leistungen nur an einem Objekt des Positionierungsmusters angehängt.

Bild 3.8:
Produktstruktur mit Leistungen

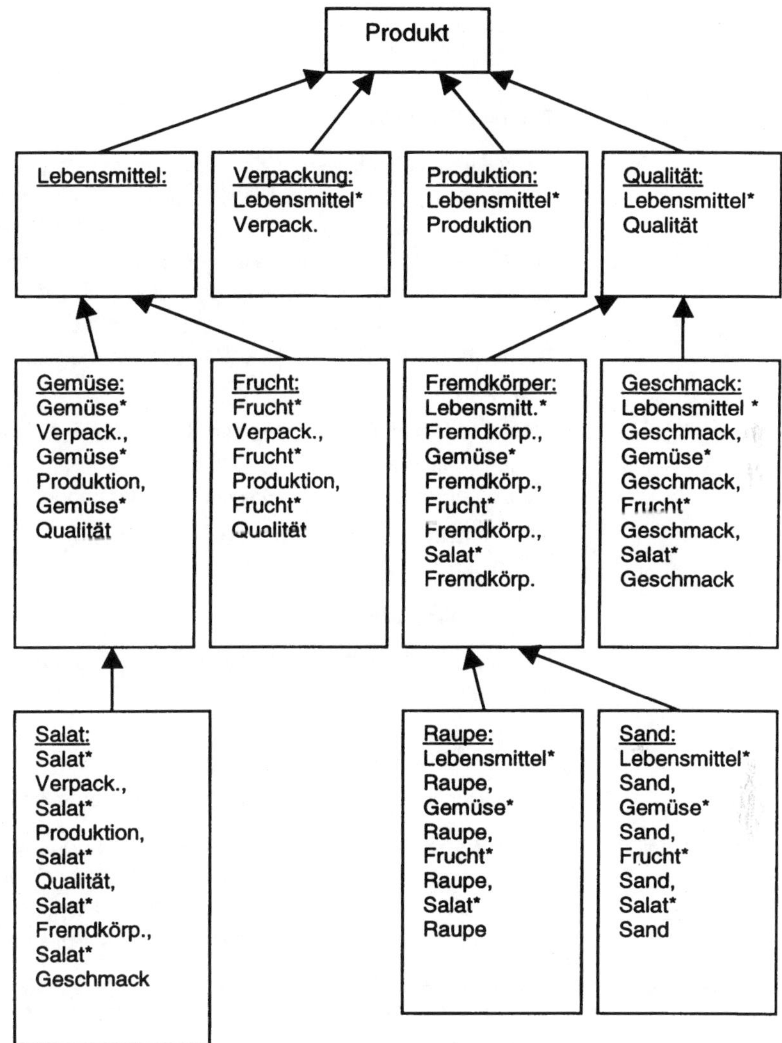

Wir haben damit ein Vorgehen, wie die Leistungen über das Domänenmodell und über die Positionierungsmuster systematisch definiert werden können. Zu Beginn enthalten die Leistungen nur das Positionierungsmuster.

Es soll nicht unterlassen werden, darauf hinzuweisen, dass ein Begriff im Domänenmodell gleichzeitig an unterschiedlichen Orten vorkommen kann.

In Bild 3.8 kommen die Objekte Raupe und Sand vor. Diese beiden Objekte sind in einer Rollen-Beziehung zu Fremdkörper. Das heisst, sie sind in der Rolle von Fremdkörpern. Sand kann aber auch ein Produkt sein, dass gekauft werden kann. Raupe kann auch in der Rolle eines Schädlings sein, welcher mit einem Schädlingsbekämpfungsmittel behandelt werden kann.

3.3.4 Die relativen Begriffe

Die mittels der Aspekt- und Klassifikationsobjekte definierten Leistungen haben bisher nur ein Muster. Dieses Muster (Positionierungsmuster) repräsentiert nur eine interne Sicht und nicht die Sicht des Kunden. Die Aufgabe dieses Musters war die Positionierung der Leistung im Domänenmodell. Die eigentliche Aufgabe der Muster ist aber das sich Finden in den Anliegen. Folglich müssen die Muster Begriffe enthalten, die die Kunden in ihren Anliegen benutzen. Dazu gehören vor allem auch die relativen Begriffe Adjektiv, Verb und Adverb.

Kundensicht

Mit den relativen Begriffen werden die Muster auf die Kundensicht erweitert. Beispielsweise eine Leistung, die eine Antwort auf Beschwerden betreffend der Verpackung gibt, könnte folgende Muster haben:

- Produkt*Verpackung (Positionierungsmuster)
- {Produkt, unhandlich}
- {Produkt, schwer, öffnen}

Die Anzahl der Muster pro Leistung ist beliebig, ebenso die Anzahl Begriffe innerhalb eines Musters.

3.3.5 Das methodische Vorgehen

Bild 3.9 stellt das Vorgehen in den wesentlichen Schritten dar.

Domänenmodell erstellen

Das spezielle Domänenmodell wird ausgehend von einem allgemeinen Domänenmodell erstellt. Existiert schon ein Modell der gleichen Branche, dann kann dieses als Basis verwendet werden. Man geht vom allgemeinen Teil über die branchenspezifischen zu den firmenspezifischen Objekten über.

Abstrakte Leistung definieren

Die abstrakten Leistungen werden erstellt, damit das Modell vollständig ist. Ausgehend von der Objektstruktur werden über die Kombination von Klassifikations- und Aspektobjekt die Leistungen definiert.

Die ersten beiden Schritte waren top-down Schritte. Diese werden nun mit einem bottom-up Schritt ergänzt.

Bild 3.9:
Vorgehen zur Entwicklung der Kompetenz

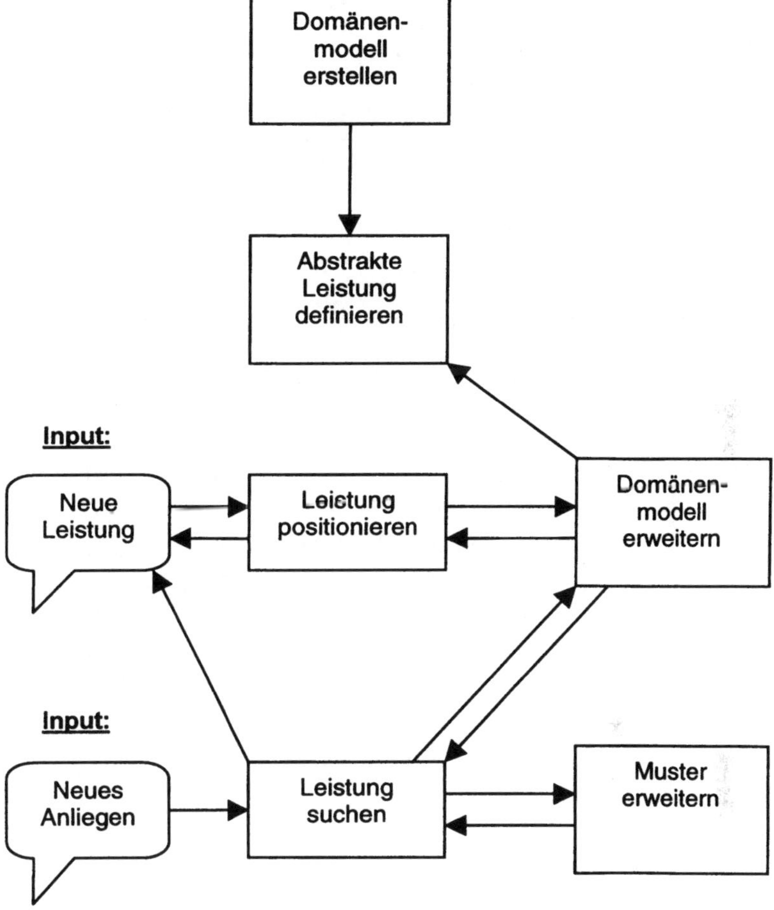

Leistung positionieren

Bild 3.9 enthält den Input 'Neue Leistung'. Es sind Leistungen des Anbieters wie in Kapitel 2 'Die Modellierung des Kundenverhaltens' beschrieben. Diese Leistungen erhält man beispielsweise durch:

- Web-Pages eines Anbieters: Jede Page wird als Leistung angesehen. Damit erhält man vor allem Informationsleistungen.
- Modellierung der Kundenprozesse: Die Leistungen werden pro Produkt nach dem in Kapitel 2.6 'Die Gestaltung der Leistung und Kundenbeziehung' beschriebenen Vorgehen identifiziert.

Die auf diese Weise identifizierten Leistungen werden analysiert und an der entsprechenden Stelle der Objektstruktur angehängt. Fehlt ein Objekt, dann muss das Domänenmodell erweitert werden (Schritt 'Domänenmodell erweitern').

Domänenmodell erweitern

Die fehlenden Objekte werden beigefügt. Zudem wird von den Leistungen eine Vollständigkeitsprüfung durchgeführt. Sollte die Vollständigkeit nicht gegeben sein, dann fährt man mit Schritt 'Abstrakte Leistung erstellen' weiter.

Ein nächster bottom-up Schritt wird ausgelöst durch Beispiele von Anliegen; in Bild 3.9 als 'Neues Anliegen' bezeichnet.

Leistung suchen

Anliegen erhält man von Stellen, die die Kundenbeziehung pflegen, wie beispielsweise die Kundencenter, der Kundensupport, die Help-Desk und der Webmaster.

Ein Anliegen wird analysiert und die entsprechende Leistung gesucht. Sollte die Leistung nicht vorhanden sein, dann muss diese Leistung zuerst formuliert werden. Gibt es die Leistung, aber kann das Anliegen nicht über die Muster zugeordnet werden, dann werden die Muster der Leistung erweitert (Schritt 'Muster erweitern').

Beispielsweise das Anliegen "Ich möchte Salat kaufen" wird analysiert, indem nach der entsprechenden Leistung gesucht wird. Es ist eine Angebotsleistung, die den Kunden über das Salatangebot informiert. Die Leistung wird positioniert als Salat*Angebot (Positionierungsmuster). Nehmen wir an, Angebot gibt es im Domänenmodell noch nicht als Aspekt von Produkt, dann müssten wir dieses Objekt aufnehmen. Zusätzlich wird man vielleicht das Objekt Sortiment als Synonym zu Angebot definieren.

Muster erweitern

Die Muster werden mit den relativen Begriffen erweitert. Damit wird die Kundensicht modelliert. Oft genügt es auch, das Domänenmodell mit Synonymen zu erweitern.

Beim oben erwähnten Beispiel "Ich möchte Salat kaufen" könnte man zusätzliches das Muster {Salat, kaufen} definieren.

3.3.6 Beispiel

Dieses Beispiel soll einen Produktmanager in einer Bank beschreiben, der für die elektronischen Kundenkarten verantwortlich ist, und der nun seine Leistungen rund um die elektronische Kundenkarte beschreiben soll.

Der für dieses Beispiel wesentliche Teil des Domänenmodells ist mittels Bild 3.10 dargestellt.

Der Bau des Domänenmodelles ergibt sich aus der Struktur der Produkte einer Firma und der Produktaspekte. Die Produkte werden zuerst nach den Leistungsarten Investitions-, Dienst- und Zulieferleistung unterteilt (siehe auch Kapitel 2.2.7). Das Konto stellt beispielsweise eine Investitionsleistung dar, da es gebraucht wird, um Leistungen zu liefern. Ein-/Auszahlungen sind Dienstleistungen, die auf dem Privatkonto basieren; sie setzen das Privatkonto voraus. Das Liefern eines Kontoauszuges ist eine Zulieferleistung, die der Kunde für andere Tätigkeiten braucht.

Produktaspekte bei einer Bank sind unter anderem die Vertriebshilfsmittel wie die elektronische Karte und die Servicekanäle, der Preis, die Bedürfnisse des Kunden und die Qualität.

Als erstes definiert der Produktmanager Leistungen auf einer möglichst abstrakten Ebene. Nehmen wir an, die Produktleistungen seien schon definiert. Seine Aufgabe ist nun, die Hilfsleistungen zu definieren.

Nach Kapitel 3.2.4 gibt es die folgenden Arten von Leistungen:

- Auskunft erteilen: Der Anbieter gibt Auskunft aufgrund einer Frage.
- Angebot machen: Der Anbieter macht ein Angebot aufgrund eines Kundenbedürfnisses.
- Bestellung bearbeiten: Der Anbieter nimmt die Bestellung entgegen. Er liefert darauf, wenn nötig, den Vertrag.
- Leistung liefern: Der Anbieter liefert die Leistung.
- Beschwerde entgegennehmen: Der Anbieter bearbeitet die Beschwerde und gibt Erklärungen ab.
- Problem bearbeiten: Der Anbieter nimmt sich des Problems an und versucht es zu lösen.
- Mitteilung entgegennehmen: Der Anbieter nimmt die Mitteilung des Kunden entgegen und bearbeitet sie.
- Mitteilungen liefern: Der Anbieter macht den Kunden auf etwas aufmerksam oder liefert ihm eine Information.

Er geht systematisch vor und beginnt mit den Auskünften. Wir nehmen an, die Leistungen für Produkt und Kontoprodukt existierten schon. Er beginnt deshalb mit der Leistung, die eine Auskunft über das Privatkonto liefert. Er definiert Leistungen, indem er das Privatkonto mit den verschiedenen Aspekten kombiniert. Es ergeben sich die folgenden Auskunftsleistungen:

- Privatkonto
- Privatkonto*Benutzung
- Privatkonto*Preis
- Privatkonto*Qualität
- Privatkonto*Bedingung
- Privatkonto*Bedürfnis

Bild 3.10:
Teil des Domänenmodells Arten von Leistungen

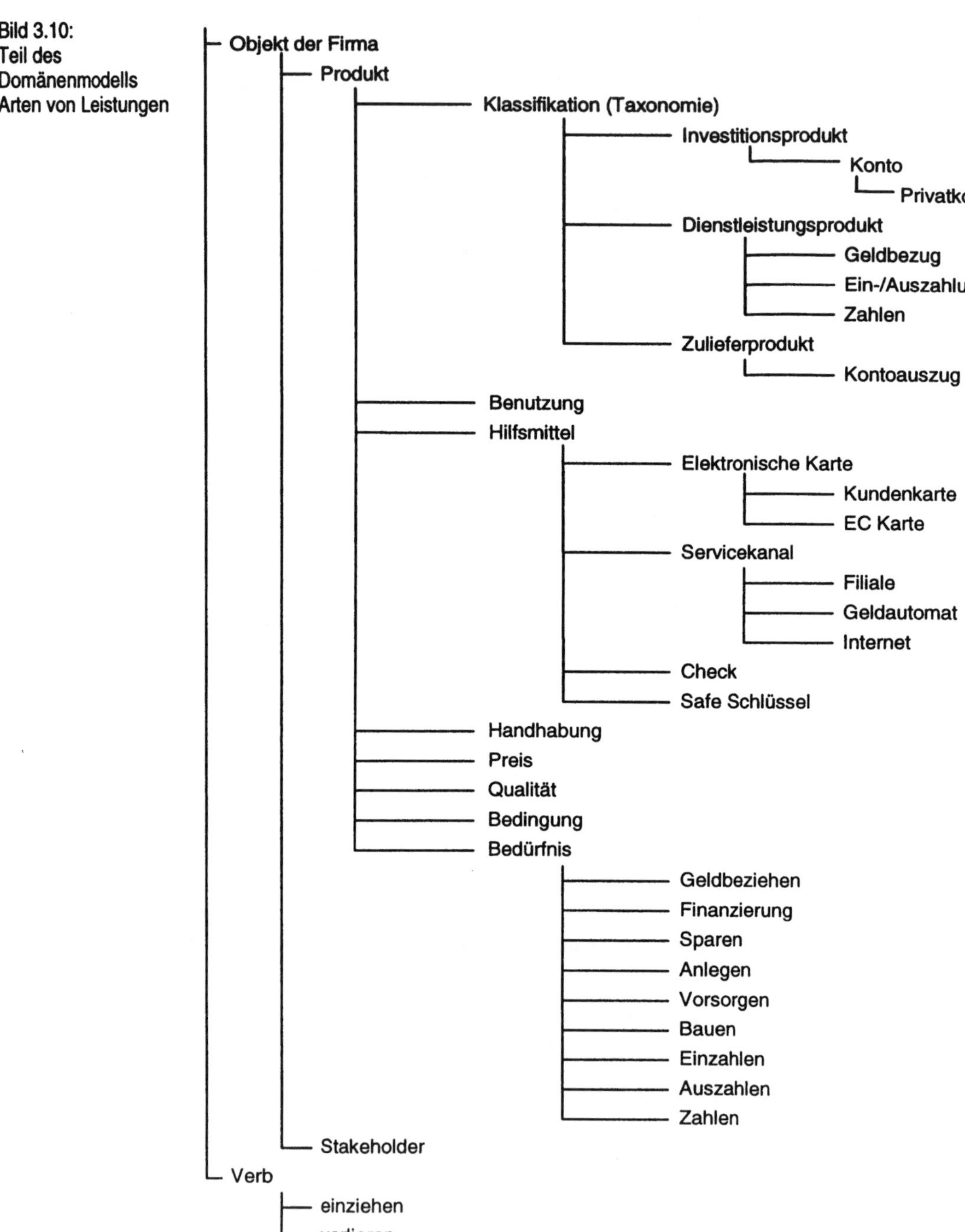

Genau gleich werden die Leistungen definiert, die Beschwerden entgegennehmen. Beispielsweise ist die Leistung, die Stellung zur Qualität der Kontoauszüge nimmt, definiert mit Kontoauszug*Qualität.

Nachdem der Produktmanager auf systematische Weise einige Leistungen definiert hat, nimmt er Beispiele von Anliegen, die er von Kunden bekommen hat. Ein solches Beispiel ist: "Ich habe meine Kundenkarte verloren."

Positionierung

Der Produktmanager ordnet dieses Anliegen der Absicht 'Probleme' zu und definiert eine Leistung, die sich diesem Kundenproblem annimmt. Er positioniert die Leistung bei Privatkonto*Kundenkarte. Als nächstes definiert er ein Muster als {Kundenkarte, verloren}. Ein weiteres Muster definiert er mit {Kundenkarte, gestohlen}.

Er hat aber noch ein weiteres Beispiel, das lautet: "Meine Kundenkarte wurde eingezogen." Er geht hier auf die gleiche Weise vor.

Auf diese Weise erstellt er eine Anzahl von Leistungen, mit denen er mögliche Kundenanliegen befriedigen kann.

Nehmen wir an, dass eine Woche später in einer Fernsehsendung die Konditionen des Privatkontos der besagten Bank kritisiert werden. Am anderen Morgen definiert er als erstes eine neue Leistung, die als Privatkonto*Bedingung positioniert ist und eine Stellungnahme beinhaltet. In einem Muster dieser Leistung steht zusätzlich der Name der Fernsehsendung. Auf diese Art kann der Produktmanager schnell auf Ereignisse reagieren.

Vorteile für den Kundenberater

Diese Information ist nicht nur für die Kunden interessant, sondern auch für die Kundenberater. Auf Anfragen von Kunden haben sie die offizielle Auskunft zur Verfügung, indem sie selbst eine Anfrage ans System richten.

3.4 Die Gestaltung der Interaktion

Dieses Beispiel zeigt, dass der Kunde auf elektronische Weise verstanden, und ihm die entsprechende Leistung geliefert werden kann. Aber es gibt Fälle, in denen die Antworten eher generell sind. Es ist deshalb wichtig, dem Kunden klar zu signalisieren, dass er mit einer Maschine kommuniziert und nicht mit seinem Kundenberater persönlich.

Dies wird er in Kauf nehmen, da er einige Vorteile hat:

- Er erhält die Leistung unmittelbar und zu jeder Zeit.
- Die Leistungen haben eine klar definierte Qualität und sind nicht von der Qualität des Kundenberaters abhängig. Es sind offizielle Firmenleistungen.

Von einer Bank ist der Kunde mit dem Geldautomaten eine analoge Leistung einer Maschine gewohnt und schätzt sie. Er bevorzugt die Maschine, da er weniger Zeit verliert und zu jeder beliebigen Zeit die Leistung beanspruchen kann.

Man muss dem Kunden aber die Möglichkeit lassen, auch mit dem Kundenberater in Kontakt zu treten. Diese Möglichkeit ist ihm auch beim Geldautomaten gegegeben, da er bei Bedarf zur nächsten Filiale gehen kann.

Bei der Interaktion mit dem Kunden müssen diese Punkte berücksichtigt werden.

3.5 Ein Werkzeug: Der Kompetenz-Editor

Die elektronische Kundenbeziehungs-Kompetenz mit Domänenmodell, Leistungen und Mustern nimmt Dimensionen an, die zur Pflege ein mächtiges Werkzeug unumgänglich machen. Über dieses Werkzeug wird die Kundenbeziehungs-Kompetenz gepflegt und weiterentwickelt.

Das Werkzeug soll Kompetenz-Editor genannt werden. Eine mögliche Implementierung soll in diesem Abschnitt vorgestellt werden.

Mittels Beispielen soll auf die Funktionalität des Kompetenz-Editors eingegangen werden. Bild 3.11 zeigt das Werkzeug, welches das Beziehungswissen einer Warenhauskette geladen hat. Das Werkzeug besteht aus mehreren Modulen wie dem 'Service Manager', dem 'Tester' und dem 'Auswerter' (Statistikmodul).

Über den 'Service Manager' werden die Leistungen definiert. In Bild 3.11 wird die Leistung gezeigt, die sich bei Beschwerden über schimmelige Joghurts meldet. Man sieht, wie diese Leistung in der Objektstruktur eingelagert ist. Sie ist positioniert über das KO (Klassifikationsobjekt) Joghurt und das AO (Aspektobjekt) Verdorbenheit (Positionierungsmuster).

Auf der rechten Seite von Bild 3.11 erkennt man Informationen, die zu dieser Leistung gehören wie die Bestätigungsfrage (Kontrollfrage), die Antwort, die Web-Page, auf die verwiesen wird, und die Organisationseinheit, zu der das Anliegen möglicherweise weitergeleitet wird. Diese Informationen können je nach Firma und Einsatzart unterschiedlich aussehen.

Bild 3.12 zeigt in der linken oberen Hälfte die der Leistung zugehörigen Muster. In der rechten Hälfte sind Ausschnitte aus dem Domänenmodell erkennbar.

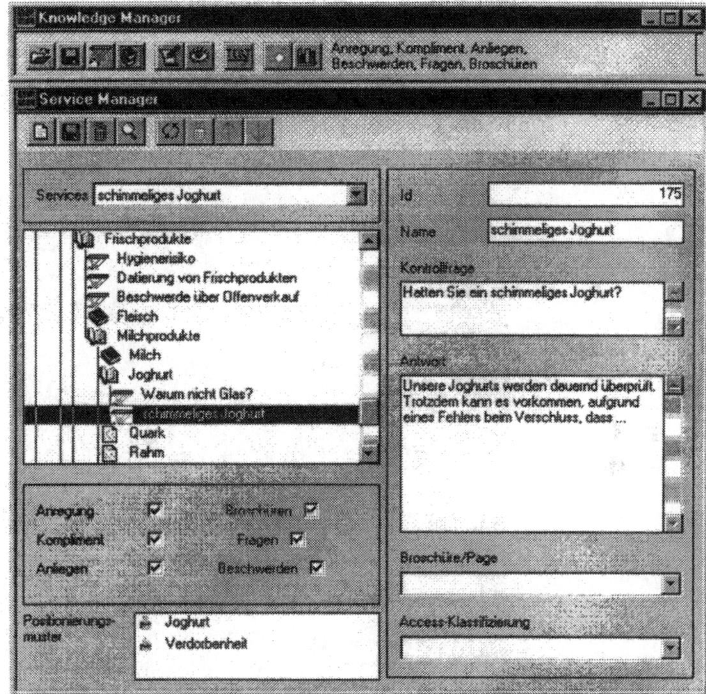

Bild 3.11:
Definieren einer Leistung

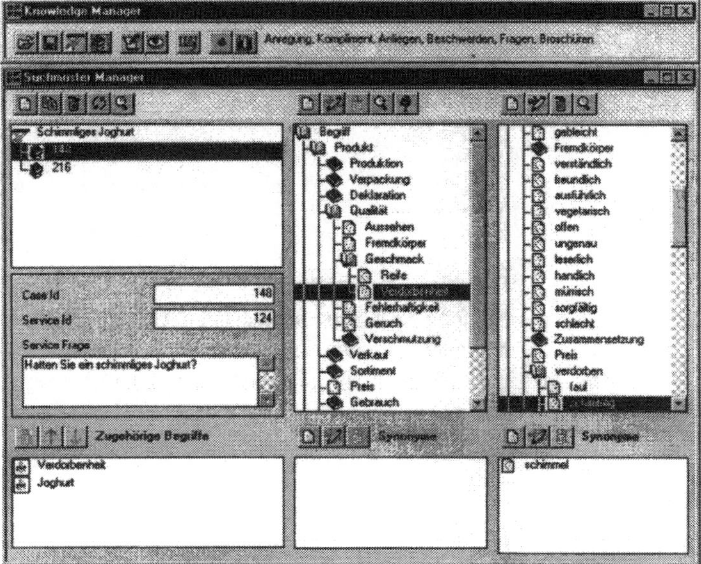

Bild 3.12:
Muster und Domänenmodell

Bild 3.13 stellt eine allgemeinere Leistung dar; die Beschwerdeleistung 'verdorbene Lebensmittel'. Bei Lebensmitteln, für die keine spezielle Beschwerdeleistung vorhanden ist, wird diese Leistung aktiv.

Bild 3.13: Definieren einer weiteren Leistung

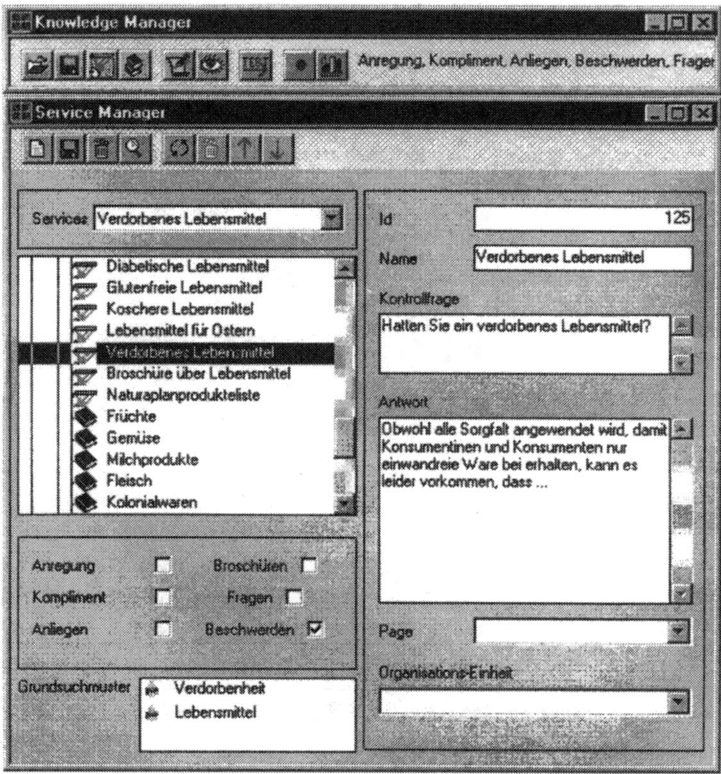

Das hier vorgestellte Werkzeug lässt uns die gesamte Kundenbeziehungs-Kompetenz pflegen und weiterentwickeln. Diese Kompetenz wird in einer bestimmten Struktur den Systemen zur Verfügung gestellt, die basierend auf dieser Kompetenz mit dem Kunden interagieren.

Resultate und Diskussion

Die Kundenbeziehungs-Kompetenz wird modelliert mit den drei Bausteinen Domänenmodell, Muster und Leistung. Die elektronische Form der Kundenbeziehungs-Kompetenz ermöglicht eine definierte Pflege und Weiterentwicklung.

- Domänenmodell: Die für die Identifizierung der Leistung wesentlichen Begriffe werden aus den Anliegen über das Domänenmodell herausgefiltert. Das Domänenmodell enthält Begriffe mit Synonymen, die für Anbieter und Kunde wesentlich sind.
- Muster: Die herausfilterten Begriffe werden von den Mustern auf Übereinstimmung untersucht.
- Leistungen: Die Leistungen sind im Domänenmodell über die Positionierungsmuster eingelagert. Sie werden über die zugehörigen Muster gefunden.
- Pflege und Weiterentwicklung: Die Kundenbeziehungs-Kompetenz kann umfassend und vollständig erstellt werden. Sie kann systematisch aufgebaut und gepflegt werden. Sie wird von Systemen benutzt, um damit Leistungen zu identifizieren. Die identifizierten Leistungen werden statistisch ausgewertet. Damit wird die Kundenbeziehungs-Kompetenz über die Leistungen gemessen (Fähigkeit der Identifikation). Mittels eines Werkzeuges wird die Kundenbeziehungs-Kompetenz gepflegt. Sie ist skalierbar und kann damit immer weiter verfeinert werden.
- Arten der Nutzung: Die elektronische Kundenbeziehungs-Kompetenz ist nicht nur die Basis für das Verstehen von Anliegen. Mit ihr können beispielsweise auch Kundenprofile marketingmässig ausgewertet werden. So ist es möglich, individuell für die Kunden Produktangebote zu erstellen.
- Wissensingenieure: Experten werden von ihrer operationellen Arbeit entlastet. Sie werden zu 'Wissensingenieuren', da sich ihr Schwergewicht auf die Weiterentwicklung des Wissens verlagert. Ihre Aufgabe verlagert sich vom operationellen zum strategischen.

Zur Situation des Lesers

Versuchen Sie folgende Resultate zu erarbeiten:

- Wissensquellen: Identifizieren Sie die Wissensquellen für den Aufbau der elektronischen Kundenbeziehungs-Kompetenz (Handbücher, Stellen, etc.).
- Domänenmodell: Versuchen Sie, das Domänenmodell Ihrer Unternehmung zu erstellen.

- Leistungen: Definieren Sie eine Anzahl von Leistungen und positionieren Sie sie im Domänenmodell.
- Muster: Erstellen Sie dazu eine Handvoll von Mustern.

4 Architektur

Die Architektur zeigt die Nutzung der Kundenbeziehungs-Kompetenz. Zudem dient sie als Implementierungsgrundlage für die elektronische Kundenintegration (EKI).

Geschäftliche Forderungen

Die Bausteine der EKI müssen derartig gestaltet werden, dass die Beteiligten (Kunde und der Kundenberater) optimal unterstützt werden. Die Architektur der EKI leitet sich von geschäftlichen Anforderungen ab, die sie erfüllen muss. Eine wesentliche Forderung ist die nach einem Mehrfachnutzen der Investition; von einer Investition in die EKI sollen auch die anderen Kundenbeziehungskanäle profitieren.

Kernpunkte der Architektur sind deren modularer Aufbau und damit die einfache Erweiterbarkeit und Adaptierbarkeit, die zentrale Stellung des Kundenberaters und das Verstehen des Kundenanliegens auf elektronischer Ebene.

Marktplatz

Die anfangs vorgestellte Architektur der EKI bezieht sich auf die Kundenbeziehung zwischen einem Anbieter und seinen Kunden. Sie lässt sich einfach auf eine proaktive, virtuelle Marktplatzarchitektur erweitern. Ein proaktiver, virtueller Marktplatz bietet den Anbietern den Vorteil, die Anzahl der potentiellen Kunden zu vervielfachen.

Paradigmawechsel

Die Architektur unterstützt den Paradigmawechsel in der Kundenbeziehung, indem der Kunde nicht mehr suchen und zum Anbieter gehen muss, sondern indem der Anbieter zum Kunde geht.

4.1 Die geschäftlichen Forderungen

Die Architektur muss und lässt sich von den geschäftlichen Forderungen ableiten.

Die wesentlichen geschäftlichen Forderungen sind:

Wissensnähe

- Das Wissen des Anbieters muss möglichst beim Kunden sein: Dies ermöglicht dem Kunden eine hohe Interaktion mit dem Anbieter. Zudem verringern sich die Datenschutzprobleme, da der Kunde seine Daten bei sich behalten kann. Er muss sie nicht dem Anbieter liefern, damit sie dort bearbeitet werden können.

Synergie

- Die elektronische Kundenintegration ist ein Teil der gesamten Kundenbeziehung: Die Synergie unter den verschiedenen Kundenbeziehungskanälen muss gefördert werden. Eine Investition in die elektronische Kundenbeziehung muss auch den anderen Kundenbeziehungskanälen zu gute kommen.

Einstiegspunkt

- Der Kunde braucht einen einzigen Einstiegspunkt (Anlaufstelle) beim Anbieter: Der Kunde braucht nicht die einzelnen Stellen des Anbieters zu kennen.

Gedächtnis

- Bestehende Informationen über den Kunden müssen bei jedem neuen Kundenkontakt einbezogen werden: Die elektronische Kundenbeziehung muss ein Gedächtnis haben. Sie muss möglichst viel über die Kundenbeziehung in der Vergangenheit wissen.

Anpassung

- Die Kundenbeziehung muss sich neuen Gegebenheiten schnell anpassen können: Ändern sich Produkte oder werden neue entwickelt, dann müssen die Beratung und der Verkauf sich darauf umgehend einstellen.

Umfassend

- Die elektronische Kundenbeziehung muss umfassend sein: Sie muss die gesamte Kundenbeziehung mit allen Kundenbeziehungs-Phasen abdekken können.

Kundensicht

- Ausrichtung auf die Kundensicht: Der Kunde muss seine Anliegen in seiner Sprache und mit seinen Begriffen formulieren können, wie er es auch beim persönlichen Kundenberater gewohnt ist.

Zugehen

- Der Kunde soll nicht suchen müssen: Der Anbieter muss dem Kunden das Suchen abnehmen. Er muss, genau wie bei der persönlichen Kundenbeziehung, aktiv auf den Kunden zu- und eingehen.

Kundenführung

- Führung des Kunden: Der Kunde muss eine Hilfe haben, mit der er funktional und inhaltlich einfach auf elektronischer Basis mit dem Anbieter kommunizieren kann.

4.2 Die Komponenten

4.2.1 Übersicht

Bild 4.1 zeigt die schon früher beschriebene Darstellung der EKI. Die Hauptbeteiligten sind der Kunde, der Kundenberater, die künstlichen Agenten, die internen Stellen und die Kundendaten. Dazu kommt die Kompetenz, die die Art der Kundenbeziehung prägt und der Kundenbeziehung die Proaktivität verleiht.

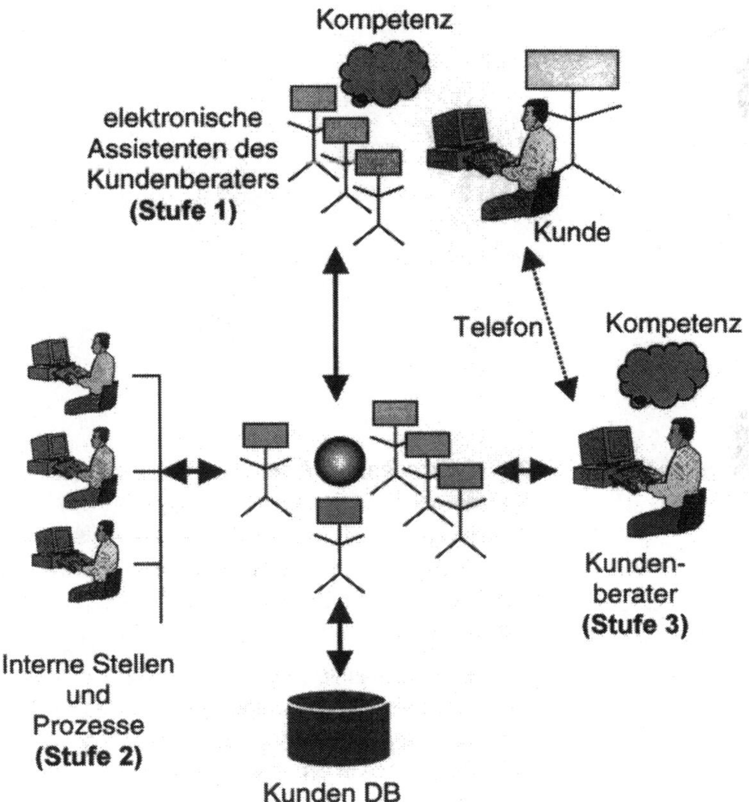

Bild 4.1: Architektur

4.2.2 Die elektronischen Assistenten und der Kunde

Charakteristisch sind in dieser Architektur die künstlichen Agenten. Es sind Systemmodule mit definierten Aufgaben. Sie repräsentieren den Kundenberater in seinen verschiedenen Rollen. Die Agenten beim Kunden sind ein Begleiter, ein Kommunikator, mehrere Berater und Produktleister.

Der Begleit-Agent

Der Begleit-Agent hat die Aufgabe, den Kunden inhaltlich und funktional zu führen. Bild 4.2 skizziert die zugrundeliegende Metapher. Ein Kunde, der elektronisch mit dem Anbieter kommuniziert, braucht funktionale und inhaltliche Unterstützung; funktional, indem er beim Bedienen hilft; inhaltlich, indem er Erklärungen und Hinweise abgibt. Er geht auf den Kunden individuell und situativ ein; individuell, indem berücksichtigt wird, wie gross die Unterstützung überhaupt sein muss; situativ, indem die Hinweise und Erklärungen von der spezifischen Situation der Kommunikation abhängen.

Bild 4.2: Metapher für den elektronischen Kundenberater

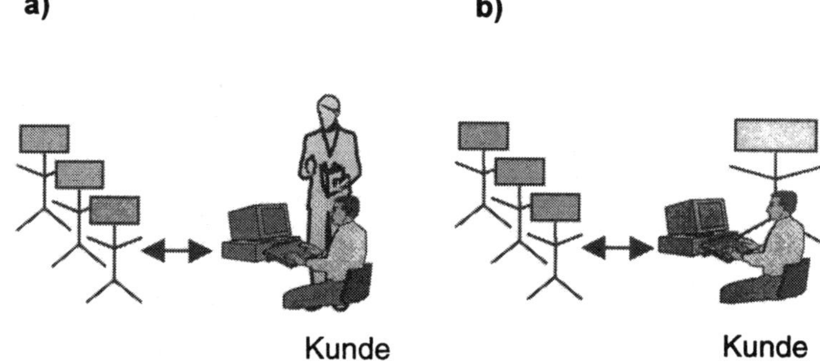

Kommunikations-Agent

Der Kommunikations-Agent hat die zentralste Stellung aller künstlichen Agenten der EKI. Er versucht das Anliegen des Kunden zu verstehen und muss fähig sein, das unstrukturierte Anliegen des Kunden mit den passenden Leistungen des Anbieters zusammenzubringen. Kapitel 3 ist dieser Aufgabe gewidmet. Der Kommunikations-Agent ist das Herz der elektronischen Kundenbeziehung.

Beratungs-Agent

Die Beratungs-Agenten werden aktiv, wenn der Kommunikations-Agent eine Beratungsleistung identifizieren konnte. Konnte der Kommunikations-Agent beispielsweise ein Bedürfnis des Kunden nach einem spezifischen Produkt feststellen, dann wird der entsprechende Beratungs-Agent aktiv und berät den Kunden. Eine solche Beratung kann sehr unterschiedlich gestaltet werden - von der einfachen Lieferung von Informationen bis zu komplexen Simulationen.

Produktleistungs-Agent

Die Produktleistungs-Agenten sind die verlängerten Arme der internen Stellen, welche die Produktleistung erbringen. Beispielsweise kann der Kunde für Zahlungsanweisungen über einen Produktleistungs-Agenten der Bank seine Ein- und Auszahlungen bewerkstelligen. Man sieht hier, wie der Kunde Benutzer der Anbieterprozesse wird, indem er über Produktleistungs-Agenten mit den Anbieterprozessen verbunden wird.

4.2.3 Der Kundenberater

Der Kundenberater hat die gleichen künstlichen Agenten zur Verfügung wie der Kunde auch – Kundenagenten genannt. Darüberhinaus besitzt er weitere, die ihm das Arbeiten innerhalb der elektronischen Kundenbeziehung ermöglichen – Kundenberateragenten genannt.

Kundenagenten

Über die gleichen Agenten, die auch der Kunde hat, kann der Kundenberater genauso von den Informationen und dem Wissen der Agenten seinen Nutzen ziehen wie der Kunde auch. Beispielsweise kann er telefonisch eingehende Anliegen dem Kommunikations-Agenten übergeben, damit er die offizielle Reaktion seiner Firma erhält. Zudem erreicht er damit, dass auch die Anliegen von Kunden, die nicht elektronisch mit dem Anbieter kommunizieren, elektronisch aufbewahrt werden und zur weiteren Bearbeitung bereit stehen. Er kann die komplette elektronische Infrastruktur für seine anderen Kundenbeziehungskanäle benutzen.

Kundenberateragenten

Weitere Agenten helfen dem Kundenberater bei der Nutzung der elektronischen Kundenbeziehung. Er hat einen Agenten zur Verfügung, der ihm die Meldungen seiner Kunden, die an ihn gerichtet sind, aufbereitet. Er kann mittels eines anderen Agenten Meldungen an Kunden vorbereiten; sobald sich der Kunde elektronisch mit der Firma in Verbindung setzt, erhält er die Meldung seines Kundenberaters. Beispielsweise möchte ein Kundenberater einer Bank einen seiner Kunden darauf aufmerksam machen, dass sein Wertschriftenportfolio überarbeitet werden sollte. Auch ist es denkbar, dass sich ein Kundenberater direkt mit dem Kunden in Verbindung setzt, wenn dieser gerade elektronisch kommuniziert (online ist).

Überdies ist wesentlich, dass der Kundenberater über einen Agenten all diejenigen Anliegen erhält, die nicht oder nur teilweise automatisch bearbeitet werden konnten.

Der Kundenberater steuert und kontrolliert die Systeme und besitzt die zentrale Stellung innerhalb der EKI.

4.2.4 Die Kundendaten

Die Kundendaten, die in einer Kundendatenbank abgelegt sind, versetzen die Agenten in die Lage, spezifisch auf die Kundenanliegen eingehen zu können. Sie wissen beispielsweise, welche Leistungen der Kunde schon bezieht beziehungsweise bezogen hat. Auch sind die Anliegen von früheren Kontakten gespeichert. Die Agenten erhalten ein Gedächtnis, indem diese Informationen einbezogen werden.

Push-Strategie

Die Kundendaten sind zudem eine Basis, um Kundenprofile zu erarbeiten, die ein gezielteres Kontaktieren der Kunden ermöglichen. Damit können Push-Strategien effizient eingesetzt werden.

4.2.5 Die internen Stellen und Prozesse

Produktleistungs-Agenten

Die elektronische Kundenintegration verbindet über die Produktleistungs-Agenten den Kunden mit den internen Stellen und Prozessen. Von diesen erhält der Kunde seine geforderte Leistung. Interne Stellen sind Leistungserbringer, aber auch Supportstellen oder Stellen, die Bestellungen entgegennehmen.

Handelt es sich um informationsbasierte Produktleistungen wie die Lieferung einer elektronischen Zeitschrift oder einer informationsbasierten Dienstleistung beispielsweise der Einzahlung von Geld, dann kann der Produktleistungs-Agent die Leistung selbst erbringen oder zumindest als Schnittstelle zu den internen Systemen wirken. Bei Warenleistungen wie beispielsweise der Lieferung von Salat (der Kunde sagte, er möchte Salat), nimmt er die Bestellung auf und leitet sie an die entsprechende Stelle des Anbieters weiter, welche die Salatlieferung darauf ausführt. Es könnte aber auch sein – je nach Selbstverständnis des Anbieters -, dass der Produktleistungs-Agent dem Kunden eine Information liefert, wo der Salat zu kaufen ist, welche Arten gegenwärtig im Angebot sind, etc.

4.2.6 Die Kompetenz

Die Kompetenz des Kundenberaters und die der künstlichen Agenten entscheiden über die Güte der Kundenbeziehung und über den Nutzen, den der Kunde hat.

Individualität

Die Individualität in der Kundenbeziehung hängt direkt vom Wissen ab, welches der Anbieter dem Kunden zur Verfügung stellt. Je mehr und besseres Wissen der Kunde erhält, desto besser kann er Leistungen des Anbieters benutzen. Beispielsweise braucht ein Kunde oft eine beträchtliche Beratungsleistung, bevor er die eigentliche Leistung des Anbieters voll nutzen kann.

4.2.7 Ablauf der Behandlung der Anliegen

Das Kundenanliegen wird dreistufig behandelt. Bild 4.1 zeigt den schematischen Ablauf zur Behandlung eines Kundenanliegens. Es wird auf der ersten Stufe von den elektronischen Assistenten des Kundenberaters behandelt. Je nach Anliegen kann es vollständig auf der ersten Stufe bearbeitet werden, oder es muss an die entsprechende Servicestelle (interne Stelle) weitergewiesen werden (Stufe 2). Anliegen, die nicht oder nur unvollständig automatisch behandelt werden können, werden dem entsprechenden Kundenberater zugestellt (Stufe 3).

Die möglichst umfassende Behandlung des Kundenanliegens auf der ersten Stufe ermöglicht einen kurzen Frage-Antwort Zyklus. So entsteht eine enge Kundenbeziehung. Deshalb ist es von Vorteil, möglichst viel Beratungs- und Leistungs-Kompetenz auf dieser Stufe anzubieten.

4.3 Varianten der Architektur

Die vorgestellte Architektur kann, je nach den Gegebenheiten des Anbieters und der Art der Kunden, zu unzähligen Varianten verändert werden.

Beispielsweise kann eine gewisse Kundengruppe von einem Kundencenter aus gepflegt werden. Der Kunde hat dabei keinen persönlichen, ihm zugewiesenen Berater.

Eine andere Variante wäre, die EKI vorerst nur für die Behandlung von Emails einzusetzen.

Eine weitere Variante wäre, die EKI auf den Kundenberater einzuschränken, damit er in seinen anderen Kundenbeziehungskanälen unterstützt wird.

Noch eine weitere Variante wäre, die EKI für ein kundendaten-getriebenes Marketing zu benutzen. Man definiert vor allem Angebotsleistungen. Diese Leistungen werden aktiv aufgrund der Kundendaten (von der Kunden Datenbank).

Bei all den verschiedenen Varianten ändert sich die Architektur nicht grundsätzlich.

4.4 Eine proaktive Marktplatz-Architektur

Die bisher vorgestellte Architektur beschränkt sich auf die EKI eines Anbieters. Sie kann aber einfach zu einer umfassenden proaktiven Marktplatz-Architektur erweitert werden. Ein solcher Marktplatz lässt uns die zu Beginn des Buches skizzierte Vision einer kundenfreundlichen Welt realisieren.

Der Marktplatz hat ganz allgemein seine Bedeutung, wenn der Kunde noch nicht genau weiss, welche Leistung er braucht, um sein Bedürfnis zu befriedigen, oder wenn er nicht weiss, woher (von welchem Anbieter) er die Leistung beziehen kann.

Marktplatzbetreiber

Bild 4.3 illustriert die Architektur eines proaktiven, virtuellen Marktplatzes. Der Marktplatzbetreiber nimmt das Anliegen des Kunden auf und schickt es an alle Anbieter seines Marktplatzes. Jeder Anbieter hat die in Kapitel 4.2 vorgestellte Architektur und ist daher in der Lage, auf Kundenbedürfnisse Angebote oder zumindest Informationen zu liefern.

Der Kunde braucht somit nicht mehr zu suchen. Er beschreibt sein Bedürfnis (1). Diese gehen vom Marktplatzbetreiber zu den verschiedenen Anbietern (1). Gewisse Anbieter machen ein Angebot. Über den Marktplatzbetreiber gehen die Angebote zum Kunden (2). Unter diesen wählt dieser aus und nimmt darauf direkten elektronischen oder persönlichen Kontakt mit dem entsprechenden Anbieter auf (3).

Bild 4.3:
Ein proaktiver, virtueller Marktplatz

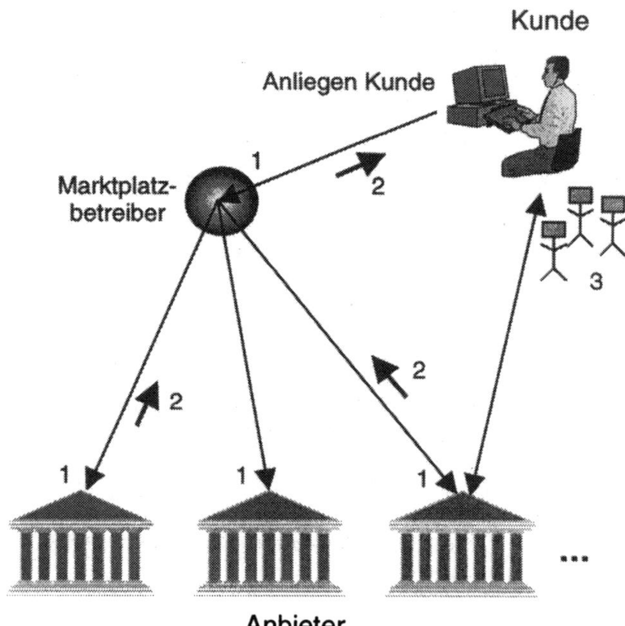

Wie beim realen Marktplatz profitiert der Anbieter von der Attraktivität des Marktplatzes, die durch die umfassende Bedürfnisabdeckung erzielt wird. Jeder Besucher des Marktplatzes wird für jeden Anbieter zum potentiellen Kunden, da der Anbieter fähig ist, auf den Kunden zuzugehen.

Ein proaktiver, virtueller Marktplatz ist besonders interessant für Anbieter, die nicht schon durch ihre Grösse eine grosse Kundenattraktivität besitzen.

Der Marktplatzbetreiber kann Zusatzleistungen anbieten wie gewisse Brokerleistungen, Interessensgruppen und Push-Dienste.

Resultate und Diskussion

Die wesentlichen Komponenten der EKI sind der Kunde, der Kundenberater, die elektronischen Assistenten, die internen Stellen und das Kundeninformationssystem. Dazu kommt die Kundenbeziehungs-Kompetenz, die der Kundenbeziehung zugrundeliegt.

- Kunde: Der Kunde kann elektronisch als auch über andere Kanäle mit dem Anbieter verkehren. Die persönliche und maschinelle Kundenbeziehung ergänzen sich. Der entscheidende Baustein der EKI ist, den Kunden auf der elektronischen Ebene zu verstehen. Die Interaktivität mit dem Kunden wird erhöht, indem das Wissen so nah wie möglich zum Kunden gebracht wird.
- Kundenberater: Die EKI unterstützt den Kundenberater ganz allgemein bei seiner Kundenbeziehungspflege - bei seinen anderen Kundenbeziehungskanälen.
- Elektronische Assistenten: Die elektronischen Assistenten (künstliche Agenten) erweitern die Kundenbeziehung auf die elektronische Dimension. Zusätzlich stehen sie dem Kundenberater für seine weiteren Kundenbeziehungskanäle zur Verfügung. Die elektronischen Assistenten sind die elektronischen Wissensträger.
- Interne Stellen: Die EKI verbindet den Kunden sowie den Kundenberater mit den internen Stellen, die einen grossen Teil der Leistungen liefern. Über die Produktleistungs-Agenten kann der Kunde direkt mit den internen Stellen kommunizieren.
- Kundeninformationssystem: Das Kundeninformationssystem verleiht der EKI ein Gedächtnis. Alte Anliegen können benutzt werden, damit präziser auf neue Kundenanliegen eingegangen werden kann. Die Kundendaten des Kundeninformationssystems können auch benutzt werden, um dem Kunden neue Angebote zu machen (kundendaten-getriebenes Marketing).
- Flexibilität: Die vorgestellte Architektur erlaubt eine hohe Flexibilität infolge des modularen Aufbaus ihrer Systeme. Neue Agenten können einfach hinzugefügt oder ersetzt werden.
- Marktplatz: Die Vision einer kundenfreundlichen Welt lässt sich mittels eines proaktiven, virtuellen Marktplatzes realisieren. Damit wird ein kompletter Paradigmawechsel erreicht, indem der Kunde nicht mehr zum Anbieter gehen muss, sondern indem der Anbieter zum Kunden geht und seine Leistungen anbietet.

Zur Situation des Lesers

- Beschreiben Sie Ihre Architektur, indem Sie von der vorgestellten Architektur ausgehen (siehe Kapitel 4.2 'Die Komponenten').
- Beschreiben Sie verschiedene Varianten, die für Ihr Unternehmen von Nutzen wären (siehe Kapitel 4.3 'Varianten der Architektur').

5 Systeme

Es ist das Ziel dieses Kapitels, die Realisierbarkeit der im Kapitel 4 'Architektur' beschriebenen elektronischen Kundenintegration (EKI) zu beweisen.

Die elektronische Kundenintegration muss fähig sein, dem Kunden ein hohes Mass an situativem Wissen und individueller Information zu liefern.

Der hier verfolgte Ansatz beruht darauf, dass erstens die Systeme (künstliche Agenten) mit Wissen umgehen und Informationen produzieren können, dass zweitens die Mitarbeiter des Anbieters mit einbezogen werden, dass drittens Mitarbeiter und Systeme ergänzend miteinander zusammenarbeiten, dass viertens die Realisierung schrittweise durchgeführt werden kann, und dass fünftens die Integration in die bestehende Umgebung einfach durchzuführen ist.

Zur Implementierung wird die Internet-Technologie und wissensbasierte Technologie eingesetzt. Die Entwicklung basiert auf einer agentenorientierten Entwicklungsmethodik und vordefinierten Frameworks. Ein Framework entspricht einem Agenten. Es besteht aus ablauffähigem Code, aber es ist noch nicht auf die spezifischen Anforderungen eines Anbieters angepasst. Man kann ein Framework als einen anbieterneutralen, künstlichen Agenten betrachten.

5.1 Die Komponenten

Die hier vorgestellten Systeme basieren auf der im vorhergehenden Kapitel beschriebenen Architektur und bestehen demzufolge aus künstlichen Agenten.

Die Hauptaufgaben der Agenten gegenüber dem Kunden sind das Verstehen, das Liefern von Information sowie von Wissen, das Begleiten sowie das Nutzbarmachen von Anbieterprozessen. Diese Aufgaben sollen die Agenten auch gegenüber dem Kundenberater erfüllen. Eine weitere Aufgabe der Agenten ist, eine direkte, elektronische Verbindung zwischen Kunde und Kundenberater zu unterstützen.

Zu diesen Hauptaufgaben kommt die Integration der künstlichen Agenten in das Anbieterumfeld dazu wie die Verbindung mit den internen Stellen und den Kundendaten.

5.2 Ein Agent versteht den Kunden

Der Kommunikations-Agent ist die zentrale Komponente bei der EKI. Er hat erstens die Aufgabe, den Kunden zu verstehen, und zweitens, ihm die entsprechende Leistung anzubieten. Einfache Leistungen bietet er direkt selber an, komplexere delegiert er an spezialisierte Agenten wie Beratungs-Agenten.

Der Kommunikations-Agent bedient sich der Kundenbeziehungs-Kompetenz, welche in Kapitel 3 'Die Kundenbeziehungs-Kompetenz' beschrieben ist.

Die folgenden Bilder sollen einen Eindruck vermitteln, wie ein solcher Kommunikations-Agent arbeitet.

In Bild 5.1 beklagt sich ein Kunde via Internet über die Verpackungen der Produkte eines Warenhauses, die sich nur schlecht öffnen lassen.

Der Kunde gibt seine Absicht bekannt (Beschwerde) und tippt sein Anliegen ein. Das System nimmt das Anliegen entgegen und offeriert ihm eine Leistung oder eine kleine Auswahl von Leistungen. Die in der Auswahl aufgeführten Leistungen repräsentieren sich als Bestätigungsfragen (Bild 5.2).

Es kann wohl sein, dass die Leistungen nicht eine genaue Antwort auf das Anliegen darstellen. Der Kunde erhält aber alle relevanten Leistungen auf sein Anliegen, die der Anbieter liefern kann. Überdies handelt es sich dabei um offizielle Leistungen des Anbieters und nicht um irgendwelche subjektiven Interpretationen. Der Kunde hat nun die Möglichkeit, die offerierten Leistungen anzuwählen und erhält die entsprechenden Informationen.

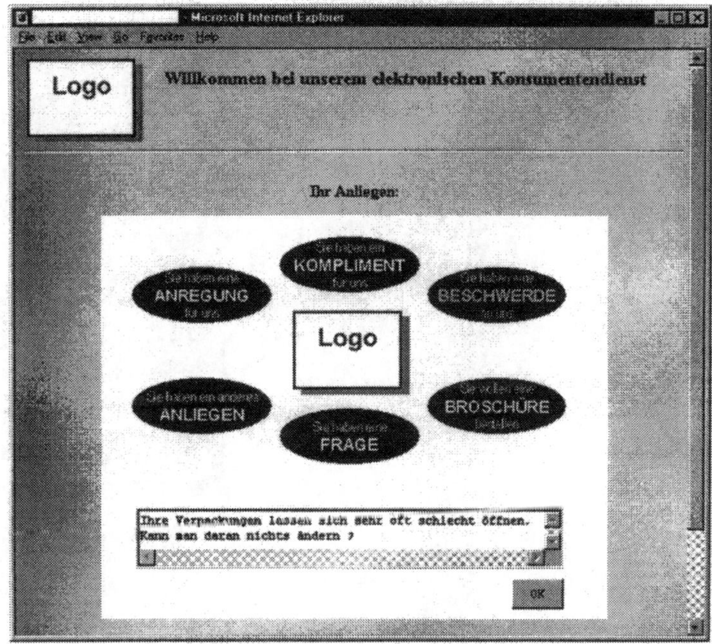

Bild 5.1:
Beschwerde eines Kunden

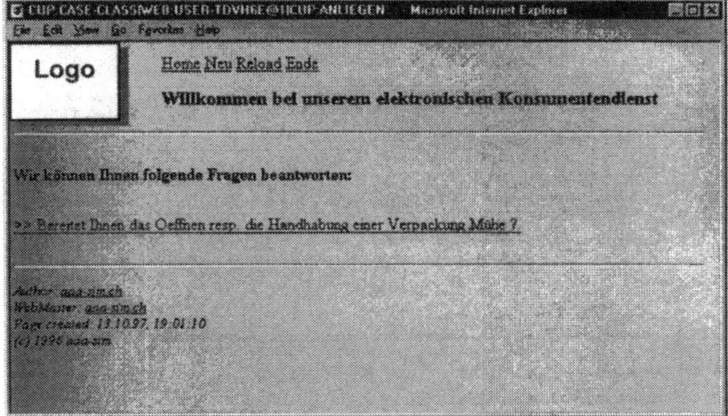

Bild 5.2:
Offerierte Auswahl von Leistungen

Nehmen wir als nächsten Fall an, der Kunde möchte eine spezifische Auskunft, die ihn über die Verpackung von Pilzen informieren soll.

Bild 5.3:
Kunde mit einem weiteren Anliegen

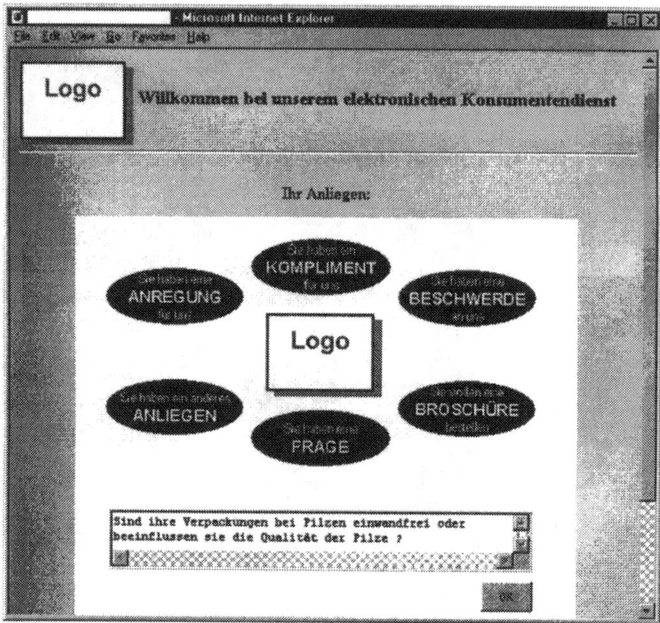

Nehmen wir an, es gebe eine spezifische Leistung über die Verpackung von Pilzen, da diese Auskunft sehr oft verlangt wird. Bild 5.4 zeigt die entsprechende Leistung im Service-Manager (des Kompetenz-Managers, siehe Kapitel 3.5).

Bild 5.5 zeigt das Gemüse Pilz und andere Gemüse im Domänenmodell des Kompetenz-Managers.

Der Kommunikations-Agent findet die mittels der Bilder 5.4 und 5.5 beschriebene Leistung und offeriert sie zur Auswahl (Bild 5.6). Allgemeinere Leistungen wie die von Bild 5.2 erscheinen nicht mehr.

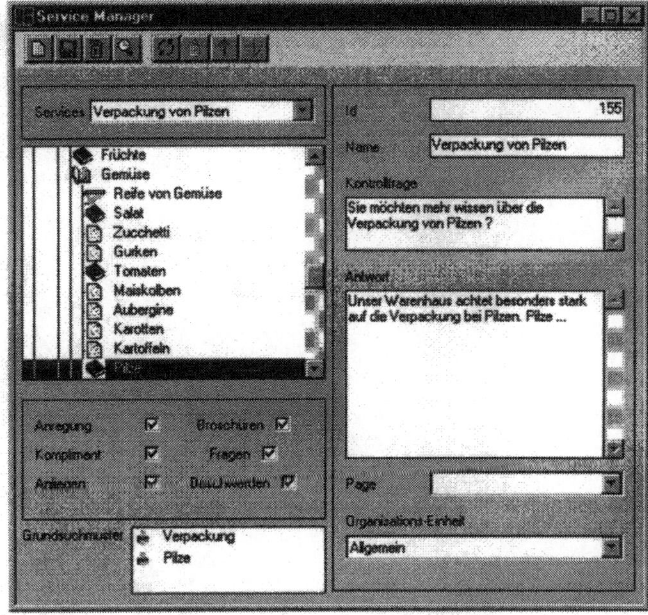

Bild 5.4:
Definition der Leistung im Kompetenz-Manager

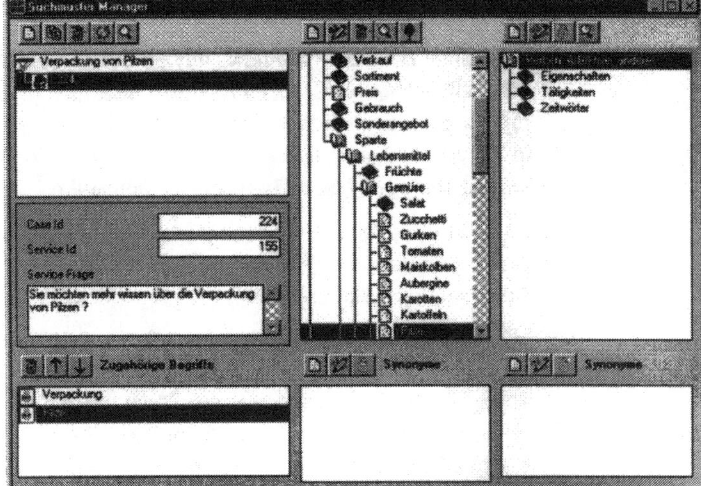

Bild 5.5:
Ausschnitt aus dem Domänenmodell

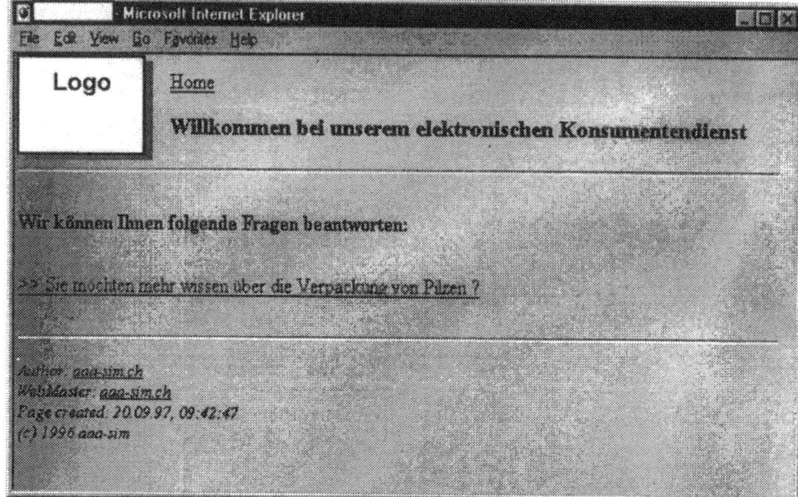

Bild 5.6: Spezifische Leistung

Um das Prinzip weiter zu konkretisieren, soll noch ein weiterer Fall präsentiert werden. Der Kunde hat ein Problem mit dem Öffnen der Verpackung von Maiskolben (Bild 5.7). Hierzu gibt es aber keine spezifische Leistung. Der Kommunikations-Agent weiss aber über das Domänenmodell, dass ein Maiskolben ein Nahrungsmittel ist (Bild 5.5). Damit ist der Kommunikations-Agent in der Lage, allgemeine Leistungen zu offerieren, die in diesem Zusammenhang von Interesse sein können (Bild 5.8).

Der Kunde clickt auf die Auswahl "Das Öffnen einer Verpackung bereitet Ihnen Schwierigkeiten?". Er erhält die in Bild 5.9 dargestellte Antwort des Warenhauses. Es werden einige verschiedene Verpackungen vorgestellt und deren Handhabung beschrieben. Damit hat er die Information, wie er mit der Verpackung von Maiskolben in Zukunft umgeht.

Es kann sein, dass der Kunde damit nicht zufrieden gestellt ist. Er möchte eine weitere Bearbeitung seiner Beschwerden. Dazu hat er die Möglichkeit, eine manuelle Bearbeitung zu verlangen (Bild 5.10).

Für den Anbieter ist es ausserordentlich relevant, dass das System in der Lage ist, auch nur allgemeine Leistungen zum Anliegen zu finden, da damit das Anliegen klassifiziert werden kann. Damit ergibt sich die Möglichkeit, das Anliegen an die richtige Stelle weiterzuleiten. Zudem können die Anliegen statistisch ausgewertet und analysiert werden. Stellt man beispielsweise fest, dass bei einer Klasse von Anliegen sehr oft eine spezifischere Leistung hätte geliefert werden können, dann wird diese Leistung definiert und damit wird das System verbessert.

Bild 5.7:
Spezifische Frage

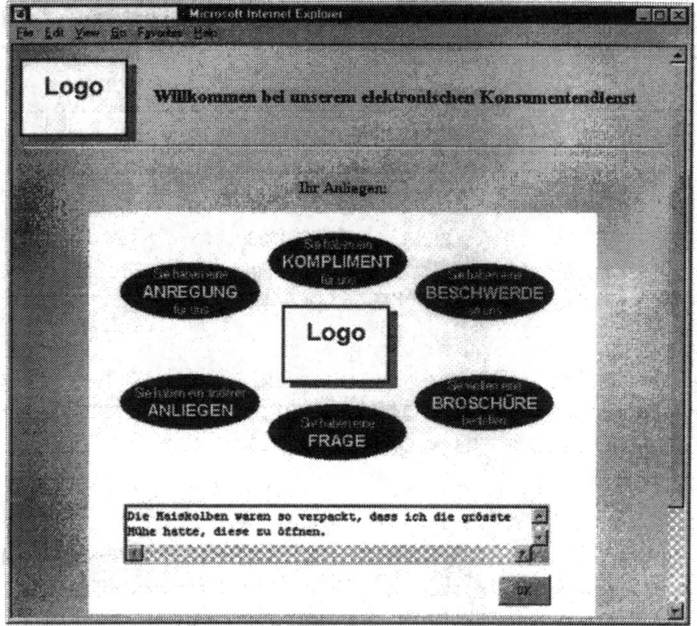

Bild 5.8:
Offerierte Leistungen

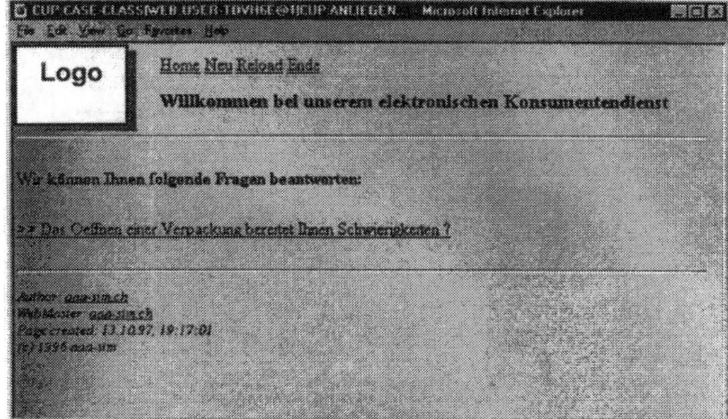

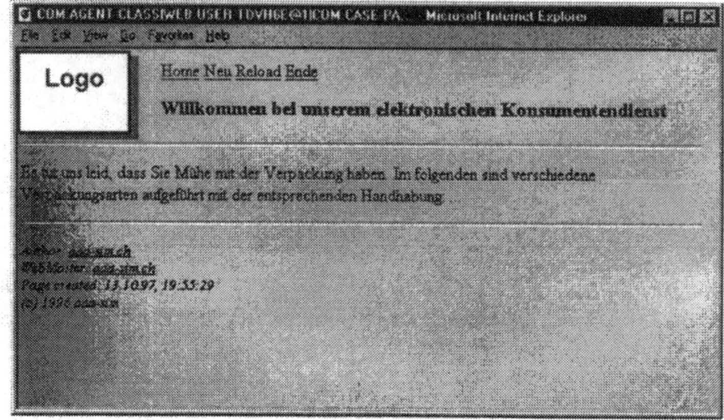

Bild 5.9:
Auskunft über die Verpackung von Maiskolben

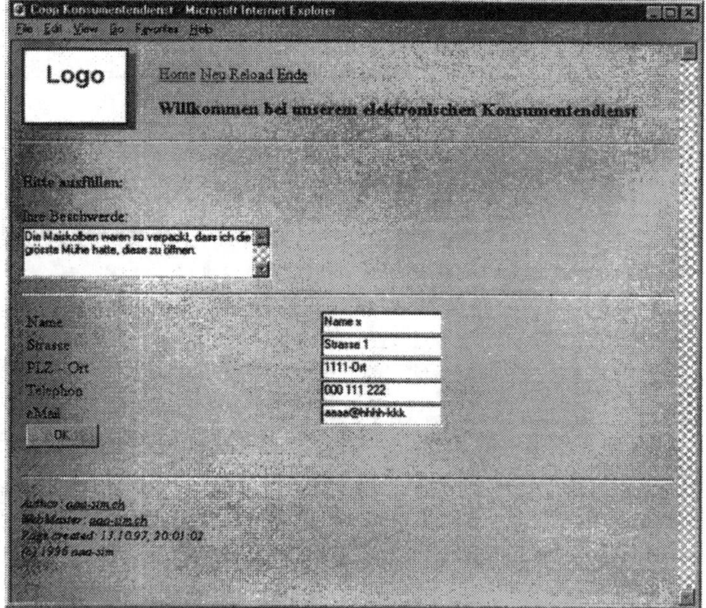

Bild 5.10:
Wunsch nach manueller Bearbeitung

Diese Beispiele zeigen eine Möglichkeit für den Einsatz von Kommunikations-Agenten. Weitere sind:

- Der Kommunikations-Agent nimmt eingehende Emails entgegen, bearbeitet sie, liefert Leistungen und leitet sie, wenn nötig, an die entsprechenden internen Stellen weiter.
- Der Kommunikations-Agent wird im Phone-Center eingesetzt, indem ein Mitarbeiter den Anruf des Kunden entgegennimmt und einige Stichworte dem Kommunikations-Agenten weitergibt. Der Kommunikations-Agent liefert dem Mitarbeiter die Leistungen, die dieser an den Kunden weiterleitet. Möglich wäre auch, dass der Kunde die Leistung direkt vom Kommunikations-Agenten geliefert bekommt, indem der Agent die Leistung verbal dem Kunden weitergibt. Ein Vorteil ist, dass telefonische Anliegen elektronisch gespeichert werden.

5.3 Ein Agent begleitet den Kunden

In der EKI arbeitet der Kunde mit künstlichen Agenten zusammen. Es sind Systeme, die ein gewisses Bedienungswissen voraussetzen.

Es ist die Aufgabe des Begleit-Agenten, dem Kunden eine funktionale wie auch inhaltliche Beratung zu liefern. Für den Kunden ist diese Unterstützung psychologisch äusserst wichtig, da er sich nie alleine gelassen fühlt.

Wichtig ist auch die Erscheinungsform des Begleit-Agenten. Nach der in Kapitel 4.2.2 'Die elektronischen Assistenten und der Kunde' beschriebenen Metapher repräsentiert er den Kundenberater. Es ist deshalb naheliegend, den Kundenberater bildlich erscheinen zu lassen.

Grundsätzlich liefert der Begleit-Agent Wissen und Information über die Kundenbeziehung. Es sind dies:

- Information über den Kundenberater: Das Bild des Kundenberaters erscheint, ebenfalls Angaben wie seine Adresse und Telefonnummer. Es erscheinen auch Knöpfe, über die der Kunde mit dem Kundenberater Kontakt aufnehmen kann.
- Vorschläge und Hinweise: Es erscheinen Vorschläge und Hinweise zum Inhalt, der von den anderen Agenten geliefert wird.
- Bedienung: Es erscheinen Informationen zur Bedienung. Der Kunde kann über den Begleit-Agenten die Systeme (andere künstliche Agenten) bedienen.
- Erklärungen: Es erscheinen Erklärungen zu Informationen, die von den Systemen geliefert werden.

Das folgende Beispiel soll einen Eindruck vermitteln. Es ist ein Prototyp der Versicherung 'Der Fonds', und es handelt sich folglich um eine Versicherungsberatung. Der Kunde kann sich über verschiedene Produkte informieren. Er kann sich Angebote erstellen lassen, die auf seine spezifischen Bedürfnisse ausgerichtet sind.

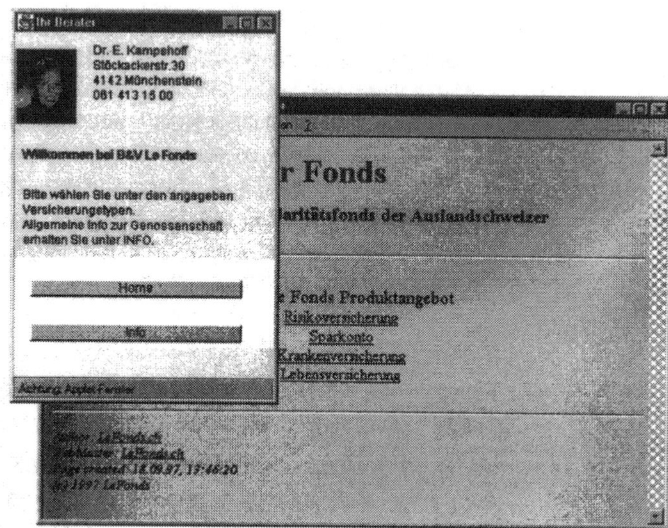

Bild 5.11:
Einstieg zur Beratung

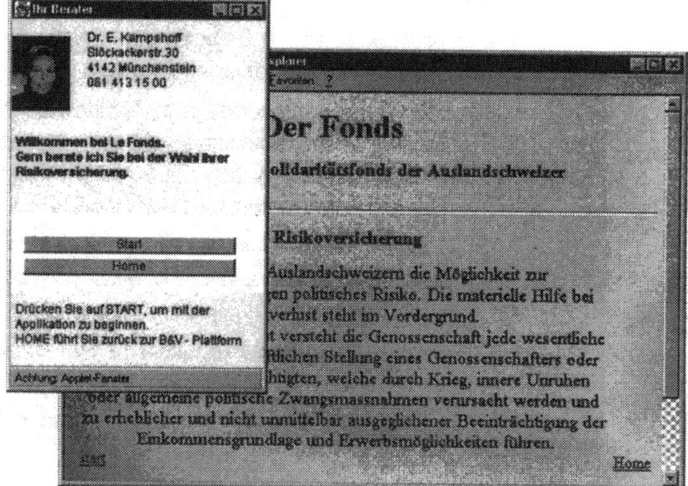

Bild 5.12:
Einstieg in ein spezifisches Produkt

Bild 5.11 stellt den Einstieg dar. Der (potentielle) Kunde wird vom Begleit-Agenten begrüsst. Ausserdem werden ihm Informationen zur Bedienung geliefert. Kann der Kunde als Kunde identifiziert werden, und ist er einem Kundenberater zugeordnet, dann erscheint das Bild des Kundenberaters; andernfalls das Bild eines allgemeinen Kundenberaters.

Der Kunde wählt ein spezifisches Produkt (Risikoversicherung). Es wird nun die produktspezifische Beratung gestartet (Bild 5.12). Assistiert vom Begleit-Agenten gibt der Kunde seine individuellen Informationen ein (Bilder 5.13 und 5.14) und erstellt auf diese Weise ein auf seine spezifische Situation ausgerichtetes Angebot.

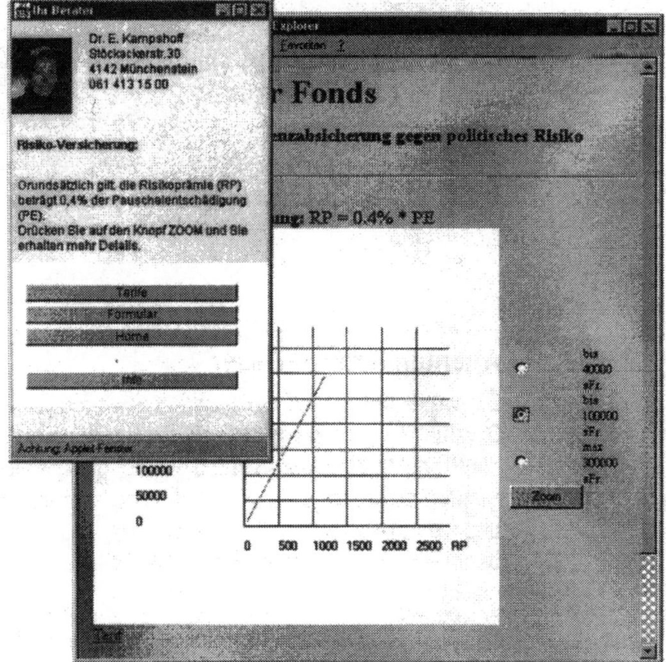

Bild 5.13:
Interaktion zwischen Beratungs-Agent und Kunde

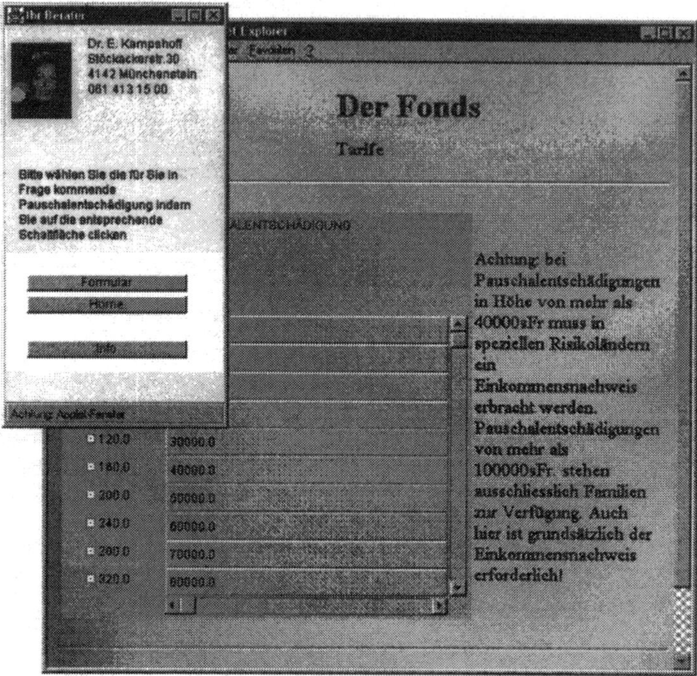

Bild 5.14: Interaktion zwischen Beratungs-Agent und Kunde

5.4 Agenten liefern Wissen

Ein wesentlicher Teil der Kundenbeziehung ist Produktberatung. Künstliche Beratungs-Agenten eignen sich ausserordentlich gut dazu, da sie fähig sind, die Produkte zu erklären und diese auf die spezifischen Anforderungen eines Kunden anzupassen. Sie können Simulationen und Szenarien durchspielen, und sie können die Information grafisch aufbereiten. Zudem ist eine Produktberatung ein klar definiertes Gebiet, das eine Automatisierung gut möglich macht.

Die folgende Bildsequenz soll den Ablauf einer Hypothekarberatung illustrieren. Ebenso wie im vorhergehenden Kapitel assistiert ein Begleit-Agent den Kunden in der Zusammenarbeit mit dem Hypothekar-Beratungs-Agent. Der Übersichtlichkeit halber wird dieser Agent hier nicht gezeigt.

Bild 5.15 gibt den Einstieg wieder. Der Kunde gibt wenige Daten ein. Bild 5.16 zeigt die Aufnahme der wesentlichen Daten wie Einkommen, Ausgaben und Steuern. Der Kunde kann diese Daten direkt eingeben, oder er kann sie herleiten lassen, indem er detailliertere Daten eingibt; Bild 5.17 zeigt dies für das Einkommen, Bild 5.18 für die Ausgaben, Bild 5.19 für die Steuern, Bild 5.20 für den Kaufpreis. Bild 5.21 zeigt die Tragbarkeits-Analyse, Bild 5.22 gewisse

Sensitivitäten. Bild 5.23 stellt die Finanzierung dar. Mittels eines Fensters (Bild 5.24) kann der Kunde auch Daten über die geografische Lage eingeben und erhält darauf eine Beurteilung.

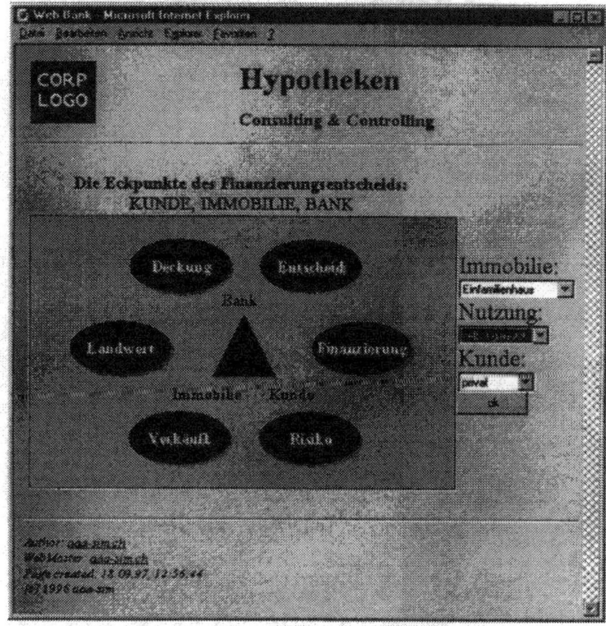

Bild 5.15: Einstieg Hypothekarberatung

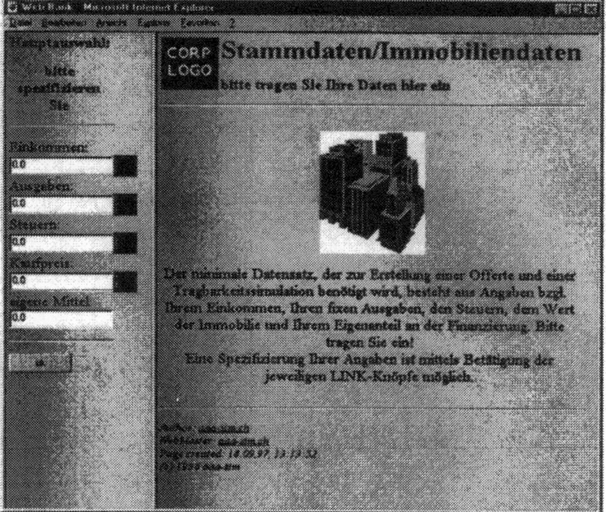

Bild 5.16: Eingabe der relevanten Daten

Bild 5.17: Eingabedaten für Einkommen

Bild 5.18: Eingabedaten für Ausgaben

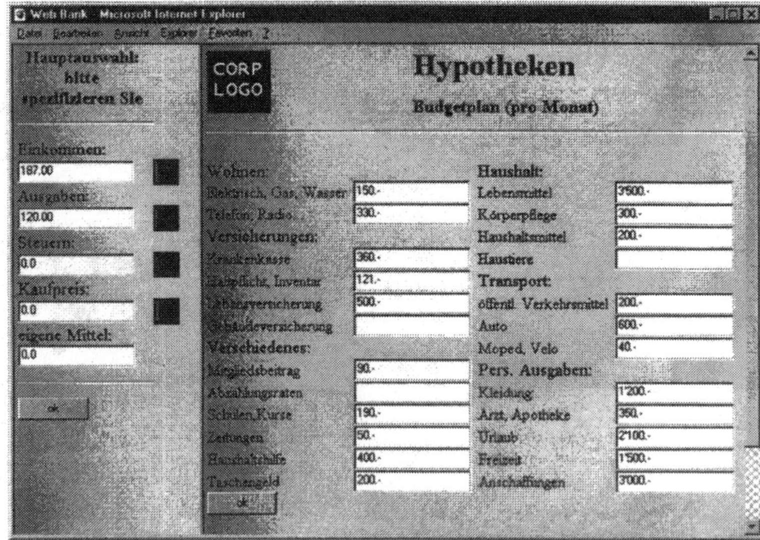

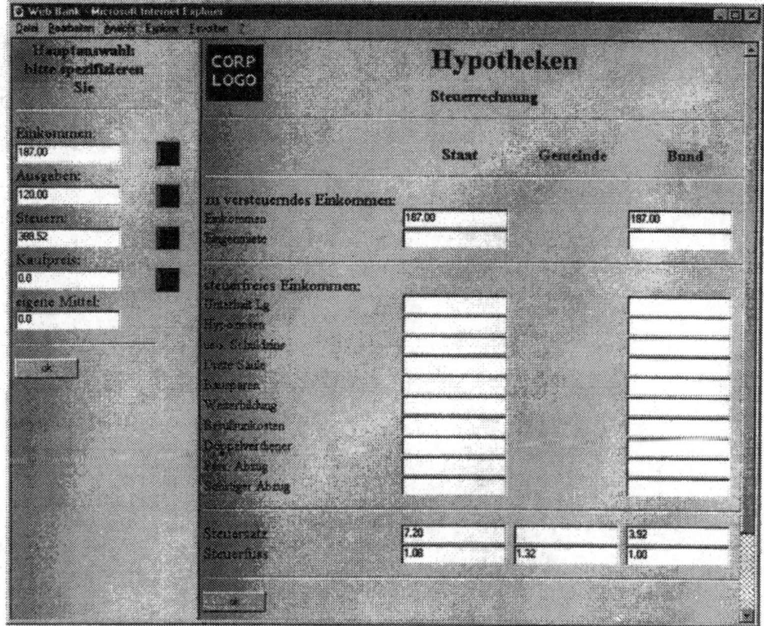

Bild 5.19: Eingabedaten für Steuern

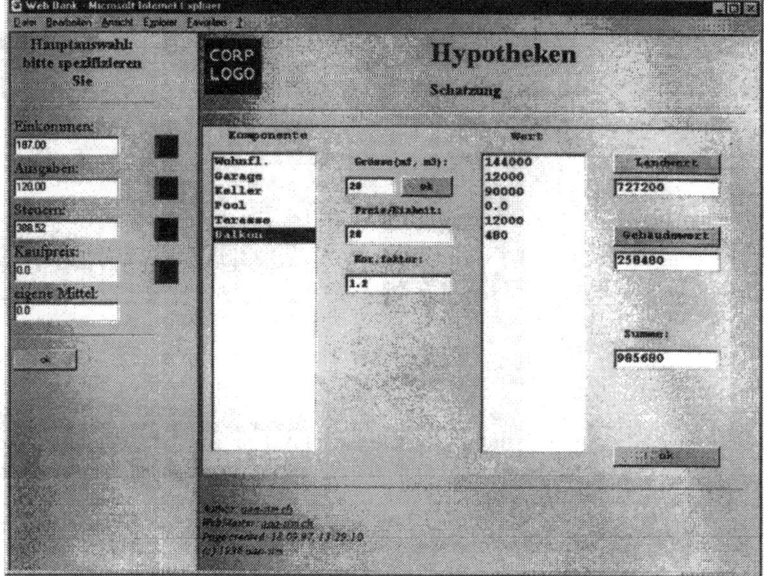

Bild 5.20: Gebäudeschatzung

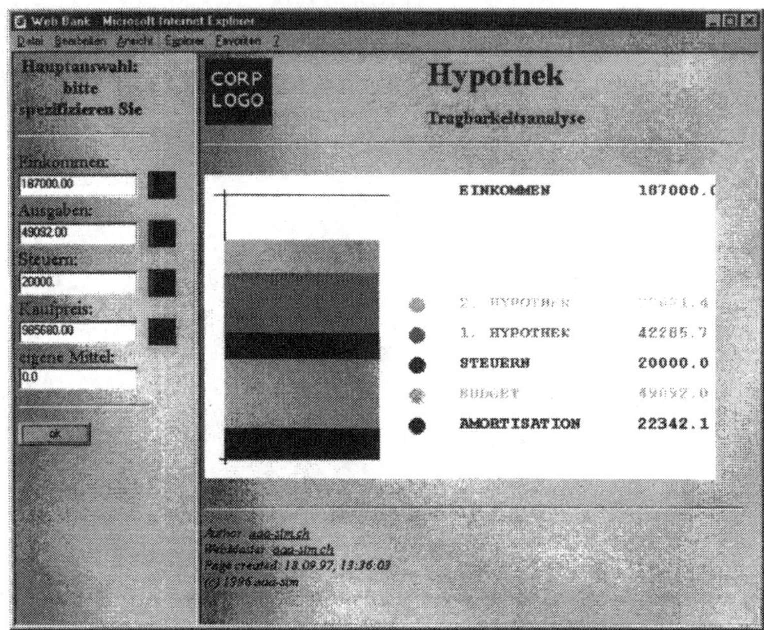

Bild 5.21:
Tragbarkeitsanalyse

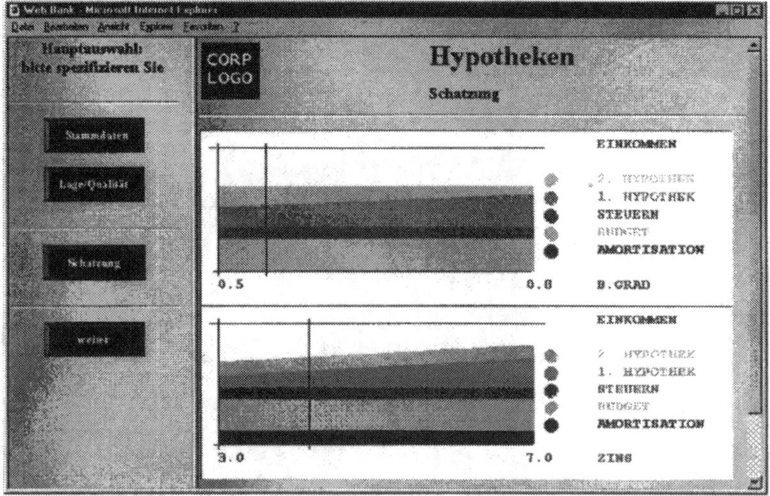

Bild 5.22:
Sensitivitäts-Analyse

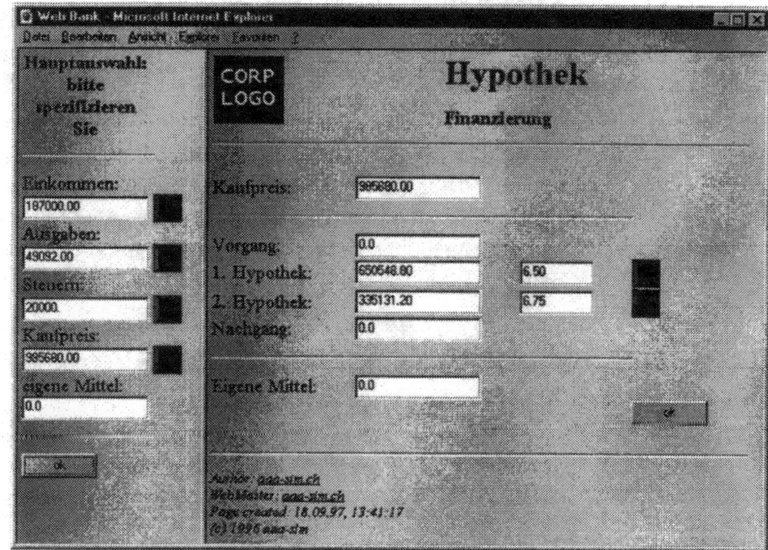

Bild 5.23:
Finanzierung

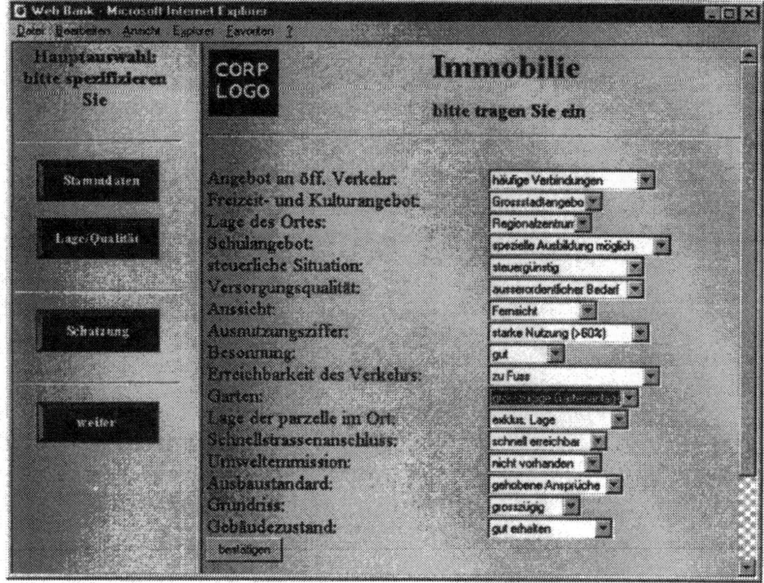

Bild 5.24:
Standortanalyse

5.5 Agenten verbinden Kunde und Kundenberater

Eine wesentliche Charakteristik der in Kapitel 4 vorgestellten Architektur ist die Integration von persönlicher und elektronischer Kundenbeziehung. Beide Arten von Kundenbeziehungen sollen sich ergänzen. Es soll dem Kunden möglich sein, einfach von der einen Beziehung zur andern wechseln zu können.

Das im Kapitel 5.3 beschriebene Beispiel eines Begleit-Agenten illustriert die Integration des Kundenberaters in die EKI. Der Kunde kann sich jederzeit mit dem Kundenberater über den Begleit-Agenten in Verbindung setzen. Er kann eine Meldung abgeben, die den Kundenberater erreicht. Er kann aber auch, sofern der Kundenberater erreichbar ist, direkt mit ihm in Kontakt treten.

Ebenso ist es möglich, dass der Kundenberater auf den Kunden zugeht, sobald der Kunde sich beim System angemeldet oder eine Nachricht übermittelt hat.

Diese Kommunikation zwischen Kunde und Kundenberater basiert auf spezialisierten, künstlichen Agenten. Kunde und Kundenberater arbeiten in einer Arbeitsgruppe zusammen (vergleiche auch mit Bild 2.20).

5.6 Die technologische Umsetzung

Die technologische Umsetzung beruht auf einem Zusammenspiel von Internet-Technologie, wissensbasierter Technologie, einer agenten-orientierten Entwicklungsmethodik und vordefinierten Frameworks.

5.6.1 Internet-Technologie

Eine wesentliche Komponente beim Bau der EKI ist die Internet-Technologie. Sie ermöglicht einerseits den weltweiten und auch firmeninternen Informationsaustausch und andrerseits eine plattformunabhängige, standardisierte Benutzerschnittstelle.

Der Informationsaustausch unterscheidet sich fundamental zur Kommunikation früherer Tage. Früher wurde die Kommunikation vom Informationslieferanten gesteuert – man erinnere sich an die Grossrechner. Beim Internet steuert der Benutzer die Kommunikation. Er besitzt die Initiative und bestimmt, woher er die Information holt. Die Informationslieferanten – unsere Anbieter – warten einerseits auf ihre Kunden und reagieren auf deren Anforderungen; andrerseits kann der Informationslieferant bei bestehender Verbindung dem Kunden Informationen liefern, die dieser nicht direkt angefordert hat. Zudem hat der Informationslieferant die Möglichkeit, dem Kunden Informationen in dessen Briefkasten abzulegen.

Die Internet-Technologie deckt somit prinzipiell auf der elektronischen Ebene zu einem grossen Teil ab, was andere Kommunikationskanäle wie beispielsweise der persönliche oder der papierbasierte bieten. Überdies besitzt sie Vorteile aufgrund des schnellen Informationsträgers – den Elektronen - in bezug auf Geschwindigkeit und Mobilität; von überall, zu jeder Zeit und mit höchster Geschwindigkeit kann kommuniziert werden.

Diese Aussage soll aber nicht so verstanden werden, dass die persönliche Kundenbeziehung ersetzt werden könnte, sondern die Aussage ist, dass mit einer Kombination von persönlicher und elektronischer Kundenbeziehung ein Höchstmass an Kundenbindung erzielt werden kann.

Neben der totalen Kommunikation beinhaltet die Internet-Technologie zudem einen neuen Standard für die Benutzerschnittstelle. Damit hat der Anbieter die Möglichkeit, dem Kunden nicht nur Information zu liefern, sondern zusätzlich auch deren Darstellung und sogar komplette Programme. Auf der Kundenseite wird die standardisierte Information und deren Darstellung von einem Internet-Browser interpretiert und dargestellt. Diese Standardisierung ermöglicht ein Höchstmass an Flexibilität in der Kommunikation zwischen Anbieter und Kunde.

5.6.2 Die wissensbasierte Technologie

Die Automatisierung des Wissens

Die Kundenbeziehungspflege ist primär eine Beratungsaufgabe. Geschäfte mit dem Kunden ergeben sich aus dieser Beziehungspflege. Beratung ist eine wissensintensive Tätigkeit. Damit resultiert aus der Anforderung, die Beratung zu automatisieren, die Forderung, das Beratungswissen zu automatisieren. Hierbei helfen uns Ansätze, Methoden und Techniken der wissenbasierten Technologie.

Wissen ist eine Art von Information. Sie steuert die Verarbeitung, welche aus Input-Informationen neue Informationen erstellt (Bild 5.25). Je mächtiger das Wissen ist, desto mächtiger ist die Verarbeitung und desto wertvoller ist das Ergebniss.

Bild 5.25: Wissen und Verarbeitung

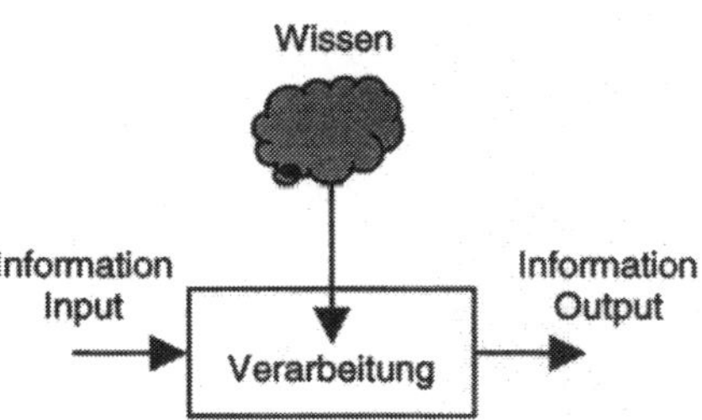

Das sich in der EKI befindende Wissen ist die Kundenbeziehungs-Kompetenz. Dieses Wissen kann zu einem grossen Teil in die Form von Datenstrukturen gebracht werden. Datenstrukturen haben den Vorteil der einfachen Pflege und Weiterentwicklung.

Es sind Methoden der wissenbasierten Technologie, die uns helfen, Wissen zu strukturieren und in Datenstrukturen zu überführen, die die Verarbeitung steuern. Der gesamte Aufbau der Kundenbeziehungs-Kompetenz basiert auf einem wissensbasierten Ansatz.

Ausserdem stellt uns die wissensbasierte Technologie Problemlösungtechniken zur Verfügung. Beispielsweise können Worte erkannt werden, obwohl diese vom Benutzer teilweise falsch geschrieben worden sind.

5.6.3 Eine agenten-orientierte Entwicklung

Die EKI besteht aus Systemen, die die Prozesse der Kundenbeziehung unterstützen. Die agenten-orientierte Entwicklung der Systeme besteht aus einer Prozessmodellierung, einer Definition und Gestaltung der künstlichen Agenten und der Realisierung derselben.

Zur Prozessmodellierung wird die gleiche Methodik angewandt, die auch schon zur Modellierung der Kundenprozesse benutzt wurde (siehe Kapitel 2.3 'Die Prozessmodellierung').

Bild 5.26: Prozesse der Kundenbeziehung

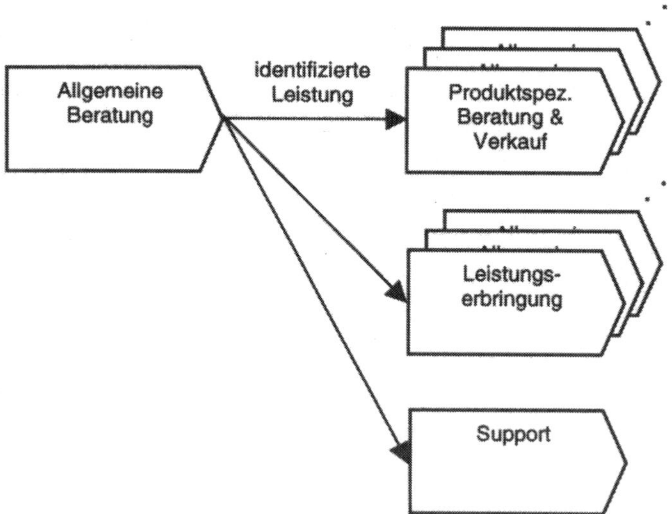

Die Kundenbeziehung besteht auf der Anbieterseite aus einer Reihe von Prozessen. Wir gehen vom im Kapitel 2.2.3 'Die Kundenbeziehung' erarbeiteten Kundenbeziehungs-Modell (Bild 2.5) aus. Bild 5.26 gibt diejenigen Prozesse wieder, bei denen der Kunde involviert ist.

Der Prozess 'Allgemeine Beratung' ist die Anlaufstelle des Kunden. Der Kunde gibt sein Anliegen frei textlich ein, indem er seine Begriffe gebraucht. Dieser Prozess erkennt den Inhalt und identifiziert die Leistung, die dem Kunden geliefert werden soll. Einfache Leistungen liefert der Prozess selber, komplexere delegiert er an die anderen Prozesse der Kundenbeziehung.

Jeder Prozess besteht aus Agenten, die als Arbeitsgruppe zusammenarbeiten (siehe auch Kapitel 2.3.5 'Die Workgroup-Metapher').

Die künstlichen Agenten

Der Begriff 'Agent' ist ausserordentlich nützlich zur Erstellung von Informationssystemen, welche vom Geschäft im allgemeinen und von den heutigen Geschäftsbegriffen und Prinzipien wie Kernkompetenz, Kernprozess, unternehmerische Flexibilität, Kundenmarkt und Mehrwertorientierung getrieben werden (siehe dazu [16]).

Bild 5.27: Kundenbeziehung-Prozess

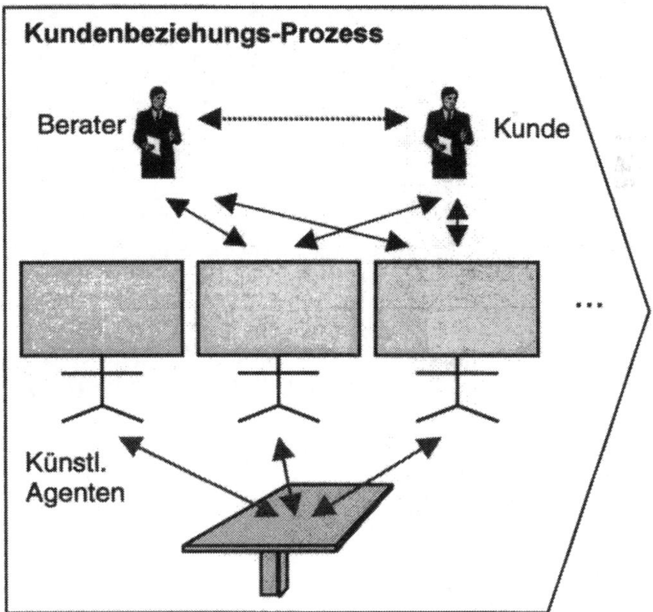

Der Agent, ob natürlich (Mensch) oder künstlich, ist die wichtigste wirtschaftliche Einheit einer Firma, indem sie erstens die Tätigkeiten ausführt und zweitens das Wissen einer Firma trägt und weiterentwickelt.

Sollen Informationssysteme Informationstätigkeiten einer Firma immer stärker unterstützen und übernehmen, dann ist es naheliegend, das Konzept 'Agent' auch als Strukturierungseinheit für die Informationssysteme zu benutzen. Konkret heisst das, dass ein Informationssystem aus einer Anzahl von künstliche Agenten besteht, die miteinander zusammenarbeiten. Bild 5.27 illustriert die Architektur eines Kundenbeziehungs-Prozesses. Der Kunde arbeitet mit den künstlichen Agenten zusammen und erhält seine Information. Der Kundenberater hat die gleichen oder ähnlichen Agenten zur Verfügung. Über die künstlichen Agenten können Kunde und Kundenberater auch direkt miteinander zusammenarbeiten. Zusätzlich hat der Kundenberater einen Agenten, der ihm hilft, die Kundenbeziehung zu überwachen.

5.6.4 Frameworks

Eine für einen Anbieter spezifisch implementierte EKI ergibt sich aus allgemeinen Frameworks, der Entwicklung des anbieterspezifischen Wissens (Kundenbeziehungs-Kompetenz) und den anbieterspezifischen Anpassungen, beispielsweise der Benutzerschnittstelle.

Die Frameworks umfassen den generellen Teil der Prozesse und den der künstlichen Agenten der EKI. Dieser generelle Teil ist für alle Anbieter gleich. Zur Definition und Spezifikation der Prozess-Frameworks wird das in Kapitel 2.5 'Ein Werkzeug' vorgestellte Hilfsmittel ADVISE benutzt. Die Agenten-Frameworks sind lauffähige, künstliche Agenten. Sie bestehen aus Verarbeitungsprozeduren, einem agentenspezifischen, aber nicht anbieterspezifischen Wissen und einer neutralen Benutzerschnittstelle. Das agentenspezifische, aber nicht anbieterspezifische Wissen beispielsweise bei einem Hypothekarberatungs-Prozess ist das allgemeine, publizierte Wissen über Hypothekarberatung. Dieses Wissen dient als Grundlage. Es muss anbieterspezifisch erweitert werden, da jeder Anbieter seine eigene Art der Hypothekarberatung hat.

Frameworks ermöglichen eine schnelle Implementation, die auf den jeweiligen Anbieter optimal ausgerichtet werden kann. Eine detailierte Beschreibung einer agenten-orientierten Entwicklung kann in [14] und [15] nachgelesen werden.

Resultate und Diskussion

Die EKI ist machbar. Aufgrund der hohen Modularisierung kann die EKI schrittweise eingeführt werden. Es gibt eine Anzahl nützlicher Zwischenziele wie:

- Automatische Verarbeitung von Emails: Emails werden analysiert, automatisch beantwortet und an die entsprechende interne Stelle weitergeleitet. Dazu wird derjenige Teil der Kundenbeziehungs-Kompetenz benötigt, der die entsprechende Breite von Emails abdeckt.
- Suchhilfe im Internet: Der Kunde hat die Möglichkeit, Informationen in den Pages zu finden, indem er sein Anliegen eingibt. Jede Page (oder Teile davon) werden als Leistung angesehen.
- Beschwerdewesen (Customer Care): Die EKI beschränkt sich auf die Bearbeitung von Beschwerden. Die Beschwerden werden klassiert und an die entsprechenden Stellen weitergeleitet.
- Unterstützung des Vertriebes: Die EKI wird auf den Kundenberater (Vertrieb) ausgerichtet. Als erste Unterziele können gewisse Teilbereiche unterstützt werden wie beispielsweise interne Vorschriften und Broschüren.
- Kundendaten-getriebenes Marketing: Die EKI wird benutzt, um die Kundendaten für Marketingzwecke auszuwerten. Man spezialisiert sich auf Angebotsleistungen. Die definierten Muster suchen ihre Übereinstimmung in den Kundendaten. Beispielsweise hat ein Kunde eine gewisse Palette von Produkten. Aufgrund von diesen Informationen wird eine Angebotsleistung aktiv, die ein weiteres Produkt vorschlägt, das in diesem Zusammenhang für den Kunden von Interesse sein könnte.

Der EKI liegen die Internet-Technologie und die wissensbasierte Technologie zugrunde. Beides sind Treiber für die EKI. Ein wesentliches Charakteristikum der EKI ist deren Modularisierung.

Fragen zur Situation des Lesers

- Versuchen Sie ein erstes Ziel zu beschreiben, das Ihrer Firma einen Nutzen bringen könnte
- Für welche Produkte könnten Sie sich Beratungs-Agenten vorstellen, und wie würden die Beratungsabläufe aussehen?
- Für welche Produkte könnten Sie sich Produktleistungs-Agenten vorstellen, und wie würden die Abläufe aussehen?
- Beschreiben Sie einen Kommunikations-Agenten. Was müsste dieser können?
- Wie könnte bei Ihnen ein Begleit-Agent ausschauen?

6 Wissensmanagement

Die Erkenntnis, dass Wissen eine, wenn nicht die zentrale Ressource einer Firma ist, veranlasst Firmen zum Willen nach einer aktiven Pflege ihres Wissens.

Herausforderung

Wissensmanagement stellt aber aufgrund des gewaltigen Umfanges an Wissen in einer Firma und seiner Vielfältigkeit eine grosse Herausforderung dar. Zudem sind über Wissensmanagement keine Erfahrungswerte vorhanden. Man weiss, dass etwas getan werden muss, aber über das Wie ist man sich im unklaren.

Eine gute Strategie in solchen Situationen ist, sich auf ein Beispiel zu konzentrieren und dieses anzugehen.

Die in den vorhergehenden Kapiteln vorgestellte EKI kann als ein solches Beispiel angesehen werden. Die EKI kann sogar als ein erstes Beispiel von Wissensmanagement empfohlen werden, da die Aufgabenstellung konkret und der Nutzen gross ist.

Erfahrungswerte

Dieses Kapitel setzt sich zum Ziel, die EKI vom Gesichtspunkt des Wissensmanagements zu betrachten. Auf diese Weise erhalten wir Erfahrungswerte, wie das Wissensmanagement in einer Firma eingeführt werden kann.

Dieses Kapitel ist insbesondere für diejenigen Leser von Interesse, die über Wissensmanagement einen Einblick erhalten oder es von einer speziellen Sicht betrachten möchten; insbesondere wird das Wissensmanagement vom Aspekt des elektronischen Wissens betrachtet.

6.1 Bausteine des Wissensmanagements

Wissensmanagement versteht sich als das Pflegen, Weiterentwickeln und Nutzen des Firmenwissens.

Wissensmanagement erhält zunehmend Aufmerksamkeit, insbesondere auch im Zusammenhang mit der Fokusierung der Unternehmen auf ihre Kernprozesse und damit auf ihre Kernkompetenzen. Für eine systematische Übersicht sei dem Leser beispielsweise [11] und [17] empfohlen.

EKI als Wissensmanagement

Die Kundenbeziehung ist ein Kernprozess einer jeden Firma mit der Kundenbeziehungs-Kompetenz als zentralem Element. Dieses Wissen repräsentiert einen grossen Teil des Firmenwissens. Die EKI umfasst damit einen grossen Bereich des Wissensmanagements eines Unternehmens. Es ist das Ziel dieses Kapitels, die EKI aus der Perspektive des Wissensmanagements zu zeigen.

Wissensmanagement besteht nach [11] aus den Bausteinen:

- Definieren der Wissensziele
- Identifizieren des Wissens
- Erwerben des Wissens
- Entwickeln des Wissens
- Bewahren von Wissen
- (Ver)teilen des Wissens
- Nutzen des Wissens
- Bewerten des Wissens

Im folgenden werden diese Bausteine mit Hilfe der EKI konkretisiert.

6.2 Definieren der Wissensziele

Mit dem Wissen (Kundenbeziehungs-Kompetenz) verfolgt man das Ziel, den Kunden elektronisch zu integrieren. Damit ist das Wissensziel die EKI selbst.

Ausserdem verfolgt man mit dieser Kompetenz das Ziel, den Kundenberater in seinen Tätigkeiten zu unterstützen, indem man ihn mit Wissen und Leistungen versorgt, die von der EKI aus diesem Wissen generiert werden.

Wissensziel als Leistung

Wir verstehen unter den Wissenszielen der Kundenbeziehungs-Kompetenz die Leistungen, die aufgrund der Beziehungs-Kompetenz erbracht werden. Diese Leistungen und somit Wissensziele sind:

- Der Kunde soll verstanden und die zu erbringende Leistung soll identifiziert werden.

- Dem Kunden sollen Leistungen erbracht werden, indem er beraten sowie informiert wird, indem seine Probleme gelöst und seine Beschwerden bearbeitet werden, indem er Angebote, Produktleistungen und Mitteilungen erhält.

Die Leistung definiert das Wissen

Das Wissen wird benötigt, um die Wissensziele zu erreichen. Es kann somit über die Wissensziele beschrieben werden. Im Falle der EKI sind die Wissensziele die erzeugten Leistungen. Das Wissen ist die Kundenbeziehungs-Kompetenz, aus der die Leistungen erzeugt werden.

Beispielsweise hat der Kommunikations-Agent die Aufgabe, den Kunden zu verstehen und die zu erbringende Leistung zu identifizieren. Dazu braucht er die Kompetenz, Anliegen in Leistungen zu überführen.

6.3 Identifizieren des Wissens

Dieser Baustein versucht die Orte zu identifizieren, an denen Wissen existiert. Das auf diese Art identifizierte Wissen kann als Rohwissen angesehen werden, aus dem das angestrebte Wissen gewonnen wird.

Wissensträger

Wissen über die Kundenbeziehung liegt bei den Kundenberatern und sonstigen Stellen, die die Kundenbeziehung pflegen, wie beispielsweise die Kundencenter, der Kundensupport, die Help-Desk und der Webmaster.

Kapitel 2 'Die Modellierung des Kundenverhaltens' erklärt, wieso ein wesentlicher Teil des Wissens aus der Modellierung des Kundenverhaltens gewonnen werden kann. Beispielsweise erhalten wir über die Prozessmodellierung der Kunden deren Bedürfnisse. Die Kenntnisse über die Bedürfnisse der Kunden sind Voraussetzung für proaktives Handeln in der Kundenbeziehung.

6.4 Erwerben des Wissens

Wie in Kapitel 3 'Die Kundenbeziehungs-Kompetenz' beschrieben, besteht die Kundenbeziehungs-Kompetenz aus dem Domänenmodell, den Leistungen und den Mustern.

Wissensquellen

Das Wissen zum Aufbau des Domänenmodells ist zu einem grossen Teil branchenspezifisch. Branchenspezifische Domänenmodelle werden zusammen mit dem Werkzeug (Kapitel 3.5 'Ein Werkzeug: Der Kompetenz-Editor') angeboten. Für den firmenspezifischen Teil zeichnet der Anbieter verantwortlich. Insbesondere muss er die Struktur seiner Produkte beitragen.

Das Wissen zum Aufbau der Leistungen muss vom Anbieter erarbeitet werden. Quellen sind seine Vertriebshandbücher, Produktbeschreibungen, Internet Pages, etc.

Das Wissen zum Aufbau der Muster erhält man über Beispiele von Kundenanfragen; dies können telefonische oder schriftliche Anfragen, Emails und Beschwerden sein.

Ein zentraler Teil bildet die Methodik, die beschreibt, wie Wissen erworben werden kann. Sie ist das Wissen, um Wissen zu erwerben. Kapitel 3 'Die Kundenbeziehungs-Kompetenz' widmet sich diesem Teil.

6.5 Entwickeln des Wissens

Die Entwicklung des Wissen hat die Kundenbeziehungs-Kompetenz in eine Form zu bringen, in der sie anwendbar wird.

Kapitel 3 'Die Kundenbeziehungs-Kompetenz' behandelt diese Aufgabe. Der vorgestellte Kompetenz-Editor bringt die Kundenbeziehungs-Kompetenz in eine Form, die von anderen Systemen zur Erstellung von Leistungen genutzt werden kann.

Kommerzielles Wissen

Die Entwicklung von Wissen ist ein fortwährender Prozess, insbesondere die Entwicklung von sogenanntem 'kommerziellen Wissen'. Im Unterschied zu wissenschaftlichem Wissen, das die Aufgabe hat, die Wahrheit darzustellen, hat das kommerzielle Wissen praktischere und "weltlichere" Ziele. Es wird benutzt, um Leistung zu erzeugen [3]. Das Wissen ist gut, wenn die daraus erstellte Leistung effizient, wettbewerbsfähig und unter Gewinnaspekten erfolgreich ist. Eine seiner charakteristischen Eigenschaften ist sein schneller Wandel. Diesem Aspekt ist insbesondere bei der Entwicklung und Pflege von kommerziellem Wissen Rechnung zu tragen.

Wissen in elektronischer Form, da mittels Werkzeugen pflegbar, besitzt gute Voraussetzungen für eine leichte und schnelle Adaptierbarkeit.

Wissensentwicklung

Bei der Entwicklung des Wissens ist insbesondere auf das Schliessen von Wissenslücken zu achten. Das methodische Entwickeln von Wissen macht Wissenslücken sichtbar und damit behebbar. Das Kapitel 3.3.2 'Die Vollständigkeit' ist ein gutes Beispiel dafür.

6.6 Ver(teilen) des Wissens

Wissen in elektronischer Form eignet sich bestens zum (Ver)teilen, da es einfach multipliziert (kopiert) und kommuniziert werden kann.

Wissensverteilung

Die elektronische Kundenbeziehungs-Kompetenz beispielsweise kann einfach jedem Kundenberater mitgegeben werden. Er kann sich jederzeit mit dem neuesten Wissen versorgen. Einschränkungen von Zeit und Ort spielen eine immer kleinere Rolle.

Qualität des Wissens

Infolge der einfachen und daher weiten Verteilung des gleichen Wissens, wird das Wissen intensiv und vielseitig gebraucht und daher umfassend getestet. Dies führt zu einer permanenten Weiterentwicklung und zwangsläufig zu einer hohen Qualität.

Dieser Effekt verstärkt sich, wenn das Wissen nicht nur durch Menschen, sondern auch durch Systeme (Maschinen) genutzt wird. Maschinen stellen sehr hohe Anforderungen an die Qualität von Wissen.

6.7 Nutzung des Wissens

Wie schon erwähnt ist die Nutzung die Triebfeder zur Entwicklung von kommerziellem Wissen.

Leistung aus Wissen

Die elektronische Kundenbeziehungs-Kompetenz wird genutzt, damit die in der Kundenbeziehung geforderten Leistungen des Anbieters optimal erstellt werden können.

Wissensnutzung

Das elektronische Kundenbeziehungs-Wissen steuert Systeme (Maschinen), die das Wissen anwenden und Leistungen für den Kunden produzieren. Von diesen Leistungen profitiert auch der Kundenberater, da er nicht nur zusätzliches Wissen erhält, wie er seine Arbeiten machen soll, sondern auch Leistungen. Ein wesentlicher Bestandteil von Kapitel 4 'Architektur' ist, das Zusammenspiel von Kundenberater und künstlichen Agenten zu illustrieren.

Bild 7.1 illustriert die Beziehung zwischen der elektronischen Kundenbeziehungs-Kompetenz, dem Kundenberater, den künstlichen Agenten und der Leistung.

Bild 6.1:
Wissen und Leistung in der EKI

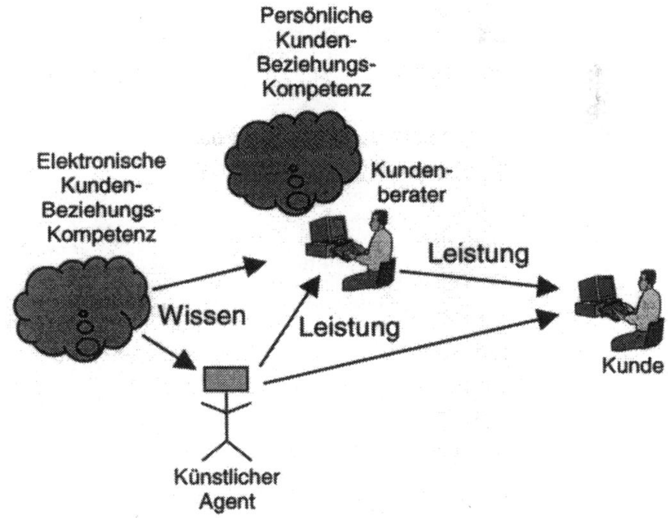

Die Kundenbeziehungs-Kompetenz ist die Basis für die Erzeugung der Leistungen von Kundenberater und künstlichen Agenten. Der Kunde profitiert von der elektronischen und persönlichen Kundenbeziehungs-Kompetenz; ebenso der Kundenberater von der elektronischen.

6.8 Bewahrung von Wissen

Wissen muss bewahrt werden. Kommerzielles Wissen hat aufgrund seiner Schnelllebigkeit eine kurze Verfallszeit. Bewahren heisst hier in erster Linie aktiv pflegen und erneuern.

Mobilität von Wissen

Die Bewahrung von Wissen ist eng mit den Wissensträgern gekoppelt: Die Mobilität des Trägers bestimmt die Mobilität des Wissens. Beim menschlichen Wissen wird somit die Mobilität des Wissens von der Mobilität des Menschen bestimmt. Da die Mobilität der Elektronen um Dimensionen grösser ist als die des Menschen, hat elektronisches Wissen einen riesigen Mobilitätsvorteil.

Multiplizierbarkeit von Wissen

Eine ähnliche Aussage gilt für die Multiplizierbarkeit von Wissen. Sie wird von der Kopierbarkeit des Trägers bestimmt. Es ist offensichtlich, dass elektronische Träger auch um Dimensionen einfacher kopierbar sind als Menschen. Daher hat das elektronische Wissen einen gewaltigen Mulitplikationsvorteil.

Mitarbeiter wechseln Firmen und damit wechselt auch das Wissen. Elektronisches Wissen verhält sich wie oben erwähnt komplett anders. Es ist dort, wo Systeme sind, und kann einfach kopiert werden. Es kann überall hingehen, denken wir nur an die drahtlose Übermittlung von Information.

Wissensbewahrung

Das Aufbewahren von elektronischer Kundenbeziehungs-Kompetenz ist damit problemlos. Somit reduziert sich das Bewahren auf das Pflegen und Weiterentwickeln, da dieses Wissen eine kurze Verfallszeit hat.

6.9 Bewertung des Wissens

Wissen kann verbessert werden, wenn es bewertet werden kann. Elektronisches Wissen, das von Systemen genutzt wird, um Leistungen zu erzeugen, kann gemessen werden, indem die Leistungen gemessen werden.

Messung des Wissens

Die Leistungen werden über die Kundeninteraktion gemessen. Man misst, wie gut die Leistungen die Anliegen der Kunden erfüllen, indem die Anliegen statistisch ausgewertet werden. Leistungen, die ungenügend sind, können direkt auf das ungenügende Wissen zurückgeführt werden. Damit wird eine Wissenslücke identifiziert und kann behoben werden.

Die Analyse der Anliegen berücksichtigt die Kundenzufriedenheit und den Automatisierungsgrad; beispielsweise Anliegen, von denen der Kunde eine manuelle Bearbeitung verlangt hat; oder Anliegen, die manuell bearbeitet werden mussten aber eigentlich vom System erledigt hätten werden sollen.

Es ist ein Charakteristikum des elektronischen Wissen – sofern es aktiv eingesetzt wird -, dass es gemessen werden kann. Damit schliesst man das entscheidende Glied für die Weiterentwicklung von Wissen.

Resultate und Diskussion

Die Resultate können wie folgt zusammengefasst werden:

- Die EKI ist eine zentrale Anwendung von Wissensmanagement.
- Die Kundenbeziehungs-Kompetenz wird über die Messung der Leistungen bewertet, die von ihr erzeugt werden.
- Elektronisches Wissen besitzt vom Gesichtspunkt des Wissensmanagements wesentliche Vorteile: Es ist gut bewertbar, (ver)teilbar, bewahrbar und nutzbar. Damit lässt es sich gut pflegen und verbessern.
- Die elektronische Kundenbeziehungs-Kompetenz dient auch den anderen Kundenbeziehungskanälen. Es kann von allen Mitarbeitern genutzt werden, die in einer Beziehung mit (potentiellen) Kunden stehen. Schlussendlich sollten das alle Mitarbeiter sein.
- Interne Mitarbeiter erhalten nicht nur Wissen, sie erhalten auch Leistungen, die aus der elektronischen Kundenbeziehungs-Kompetenz erzeugt werden.
- Die Breite der Nutzung bestimmt die Qualität des Wissens.
- Kommerzielles Wissen ist auf die Nutzung ausgerichtet. Genutzt wird es, indem Leistungen erstellt werden.

Zur Situation des Lesers

- Wird Wissensmanagement in Ihrer Firma betrieben?
- Wo lokalisieren sie das Wissen zum Aufbau der elektronischen Kundenbeziehungs-Kompetenz in Ihrer Unternehmung?

7 Elektronische Mitarbeiterintegration (EMI)

Mit den Kunden zusammen ist der Mitarbeiter der wesentliche 'Stakeholder' eines jeden Unternehmens. Ebenso wichtig wie die Kundenintegration ist demzufolge die Mitarbeiterintegration.

Die Mitarbeiter innerhalb einer Firma besser zu integrieren heisst primär, ihnen das Firmenwissen und die interne Firmeninformation einfach und schnell verfügbar zu machen.

Suchen

Jedes Unternehmen birgt Wissen in sich. Wissen und Informationen sind verteilt auf die einzelnen Mitarbeiter und sind in diversen Systemen und Ablagen gespeichert. Im gleichen Masse wie die Grösse der Firma zunimmt wird der Überblick und Zugriff auf das Firmenwissen erschwert. Zudem ist ab einer gewissen Firmengrösse nicht mehr jedem Mitarbeiter klar, wie die Aufgaben, Zuständigkeiten und Kompetenzen auf Kollegen und Einheiten verteilt sind. Dadurch wird einerseits der Aufwand, um Informationen zu finden, immer grösser, andrerseits wird das Firmenwissen immer schlechter genutzt. Da sich Unternehmen in Zukunft eher schneller verändern als heute, wird sich die Situation in Zukunft eher verschärfen. Der Aufwand für das Suchen nimmt zu.

Es ist deshalb naheliegend, den Mitarbeitern eine ähnliche Unterstützung zu bieten wie den Kunden.

Bringschuld der Firma

Der Mitarbeiter soll nicht mehr umständlich nach der Antwort auf seine Frage suchen müssen, dem Mitarbeiter soll die Information und das Wissen gebracht werden. Die Holschuld des Mitarbeiters soll zur Bringschuld des Unternehmens werden. Die Firma soll dem Mitarbeiter einen elektronischen Mitarbeiterbeziehungskanal zur Verfügung stellen.

Es ist das Ziel dieses Kapitels zu zeigen, wie Firmenwissen den Mitarbeitern auf eine effiziente Art verfügbar gemacht werden kann. Es werden dabei die gleichen Prinzipien und Ansätze wie bei der Kundenintegration angewendet.

7.1 Die Wissensziele

'Das effiziente Arbeiten des Mitarbeiters innerhalb der Firma' soll als Wissensziel der EMI erhoben werden.

Definiert man das Wissensziel enger, beispielsweise nur auf das effiziente Arbeiten innerhalb einer Abteilung, dann engt dies die unterstützten Tätigkeiten ein und beeinflusst auch das benötigte Wissen.

Da man mit dem Wissen das Ziel hat, Tätigkeiten zu unterstützen, können die Wissensziele definiert werden als die Tätigkeiten, die mit dem Wissen unterstützt werden sollen.

Taxonomie der Wissensziele

Mittels dieser eindeutigen Beziehung zwischen Wissensziel und Tätigkeit kann aus einer Taxonomie der Tätigkeiten innerhalb einer Firma die Taxonomie der Wissensziele abgeleitet werden. Dies ermöglicht uns, das Wissensmanagement innerhalb einer Firma zu strukturieren und modularisieren.

Bild 7.1 illustriert eine mögliche Taxonomie der Tätigkeiten einer Firma. Die Prozesstätigkeiten können als produktive Tätigkeiten bezeichnet werden. Es sind Tätigkeiten innerhalb der Prozesse, die Leistungsketten bilden (siehe auch Bild 2.22 und 2.23). Die administrativen Tätigkeiten sind 'unproduktive' Tätigkeiten, da sie nicht Teil der Prozesse der Leistungsketten sind. Beispielsweise müssen Mitarbeiter ihre Ferienplanung bekanntgeben, sie wollen interne Kurse besuchen, sie haben ihre Absenzen zu melden, sie haben ein defektes Büromöbel zu ersetzen, und sie möchten einen neuen Computer bestellen. Es gibt eine beinah endlose Liste von administrativen Tätigkeiten, die ein breites Feld umfassen.

Bild 7.1: Taxonomie der Tätigkeiten und Wissensziele

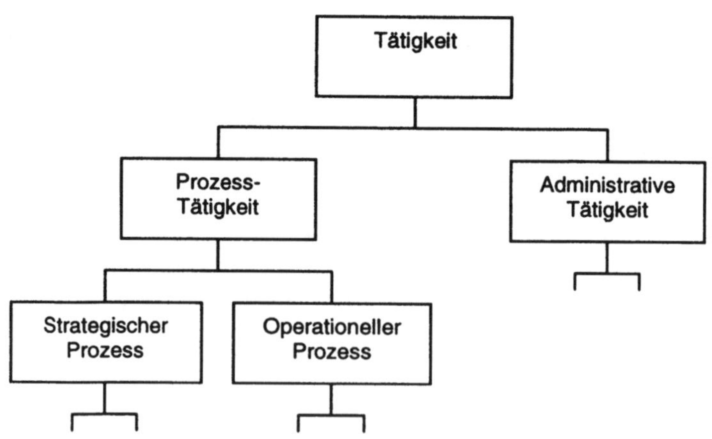

Im Gegensatz dazu sind die Prozess-Tätigkeiten auf Prozesse konzentriert. In einer Bank beispielsweise kann es für die Anlageberatung ein Handbuch geben, das alle Tätigkeiten dieses Bereichs beschreibt. Ein solches Handbuch fokusiert sich auf die Prozesse der Anlageberatung.

Im weiteren Verlauf dieses Kapitels soll die EMI bezüglich der administrativen Tätigkeiten im Vordergrund stehen, da dieses Gebiet eher anspruchsvoller ist. Die Aussagen und das Vorgehen können aber genau gleich auf die Prozess-Tätigkeiten angewandt werden.

7.2 Konzeption der Mitarbeiterbeziehungs-Kompetenz

7.2.1 Modell der Mitarbeiter-Beziehung

Der Mitarbeiter hat prinzipiell die gleiche Beziehung zu seiner Firma wie ein Kunde (Bild 7.2). Er hat ein Bedürfnis; derartige Bedürfnisse entstehen aus seiner Arbeit oder rühren von Firmenreglementen her. Er sucht nach Information oder nach einer Stelle, die ihm helfen kann. Er muss eine Vereinbarung aushandeln; innerhalb einer Firma kann das rein informell sein. Er benutzt Leistungen. Er braucht möglicherweise Support.

Bild 7.2:
Modell der Mitarbeiterbeziehung

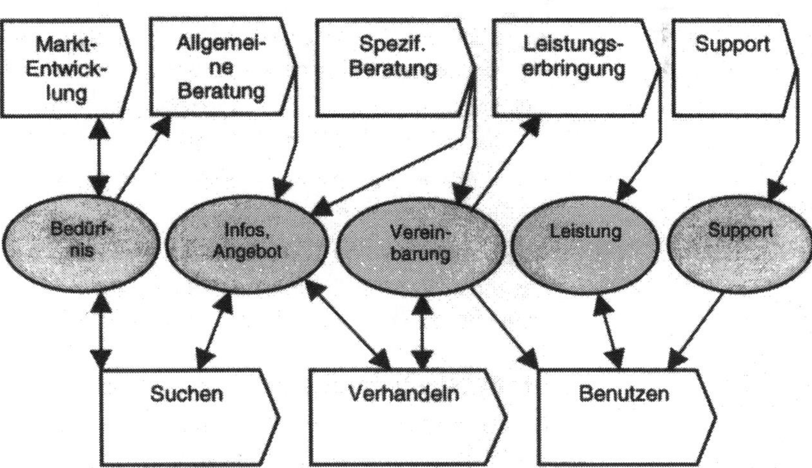

Das Unternehmen erbringt die Leistung über interne Stellen. Diese führen gewissermassen 'Marktuntersuchungen' durch, indem sie wissen müssen, was der Mitarbeiter braucht, damit er seine Aufgabe innerhalb der Firma erfüllen kann.

Beispielsweise muss der Mitarbeiter seine Urlaubsplanung bekanntgeben; ein Bedürfnis, welches aufgrund eines Firmenreglementes entsteht. Ein anderes Beispiel ist die Bestellung eines neuen Computers oder eines Computerzusatzes. Der Mitarbeiter möchte sich zuerst informieren, bevor er bestellt. Er trifft eine Vereinbarung und erhält die Leistung. Ein weiteres Beispiel ist das Bedürfnis nach einer Übersetzung eines Dokumentes. Auch hier durchläuft er alle Phasen der Mitarbeiterbeziehung.

Die Mitarbeiterbeziehung wie eine Kundenbeziehung zu behandeln, birgt den Vorteil, dass einige Dienstleistungen auch extern bezogen werden können; diese Tendenz ist bei grösseren Firmen festzustellen.

7.2.2 Anliegen und Leistung

Mitarbeiter haben normalerweise nur einen Teil der Arten von Anliegen, die wir für Kunden identifiziert haben. Die wichtigsten sind:

- Auskunft: Die Mitarbeiter möchten eine Information, die ihnen helfen sollen, eine gewisse Tätigkeit auszuführen. Beispielsweise möchten sie wissen, welche internen Kurse angeboten werden. Sie möchten wissen, an wen sie sich wenden können.
- Mitteilung: Die Mitarbeiter haben eine Mitteilung an das Unternehmen. Ein Beispiel stellt eine Absenzmeldung dar.
- Leistung: Die Mitarbeiter möchten eine Leistung beziehen. Sie brauchen beispielsweise Büromaterial oder ein Möbelstück.
- Problem: Die Mitarbeiter haben ein Problem; beispielsweise wird ein Büro nur ungenügend beheizt.

Es ist eine Frage der Firmenkultur, ob Mitarbeiter Beschwerden haben können, oder ob man Beschwerden Probleme nennt. Für der Unterschied zwischen Beschwerde und Problem verweisen wir auf das Glossar.

7.2.3 Die Mitarbeiterbeziehungs-Kompetenz

Die Mitarbeiterbeziehungs-Kompetenz ermöglicht dem Mitarbeiter, auf einfache Weise zu Wissen und Information zu kommen. Sie kann als das Wissen zum Finden des Wissens und der Information bezeichnet werden, die dem Mitarbeiter geliefert werden soll.

Die Mitarbeiterbeziehungs-Kompetenz hat den gleichen Aufbau wie die Kundenbeziehungs-Kompetenz. Sie besteht aus dem Domänenmodell, den Leistungen und den Mustern.

Das Domänenmodell soll zeigen, wie sich die Firma dem Mitarbeiter darstellt. Als Domänenmodell wird im wesentlichen das der Kundenbeziehung verwendet. Der Unterschied zwischen dem Modell der Kunden- und dem der Mitarbeiterbeziehung besteht nur in der Bedeutung der verschiedenen Teile. Beispielsweise ist für administrative Tätigkeiten der Produktteil wesentlich weniger bedeutsam als die Teile 'Mitarbeiter' und 'Ressource'. Bild 7.3 zeigt einen Ausschnitt (vergleiche auch mit Bild 3.3).

Bild 7.3:
Domänenmodell der Mitarbeiterbeziehung

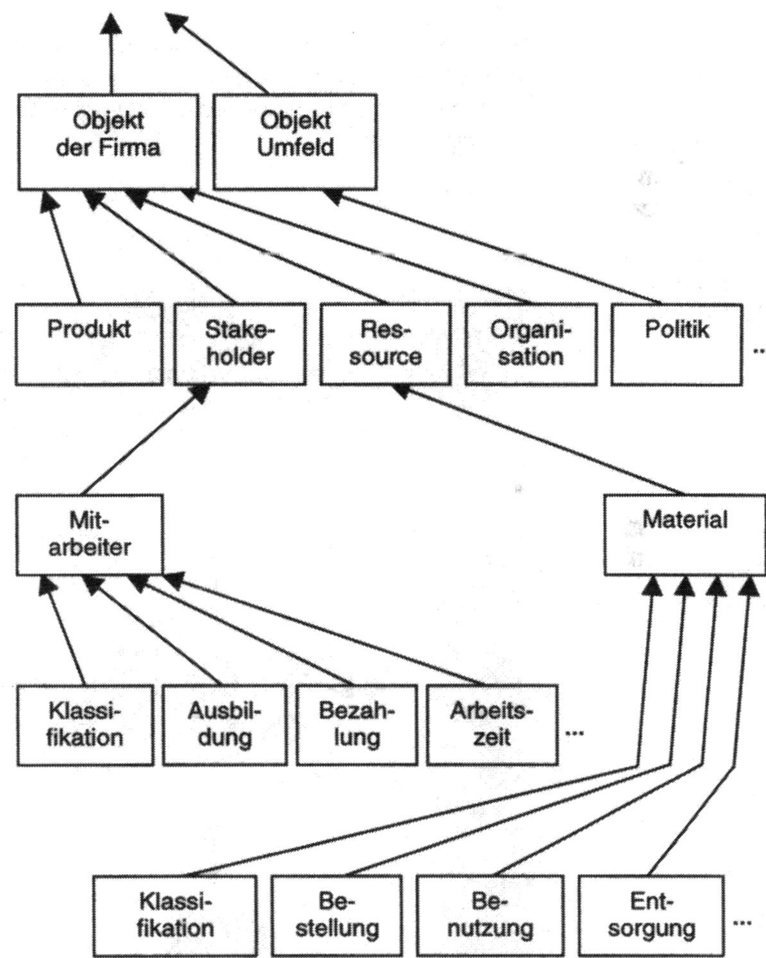

In der Material-Taxonomie (Klassifikation bei Material) sind Begriffe enthalten wie Büroeinrichtung, Büromaterial und EDV-Artikel. Die Leistung 'Büroeinrichtung bestellen' beispielsweise würde positioniert werden als Büroeinrichtung*Bestellung.

Das Vorgehen zum Aufbau entspricht genau dem zum Aufbau der Kundenbeziehungs-Kompetenz.

7.3 Architektur und Systeme

Die Architektur und die Systeme sind ebenfalls diejenigen der Kundenintegration.

Bild 7.4 stellt prinzipiell die gleiche Architektur dar, die schon von Kapitel 4 'Die Architektur' bekannt ist. Es wurde einzig der Kunde durch den Mitarbeiter und der Kundenberater durch den Mitarbeiterberater (Personalverantwortlicher) ausgewechselt.

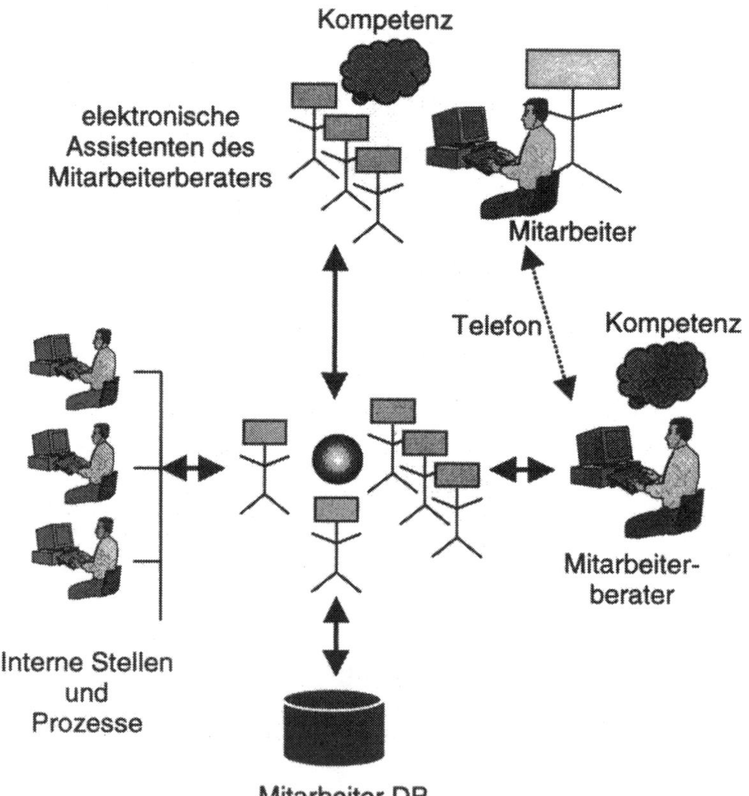

Bild 7.4: Architektur der elektronischen Mitarbeiterintegration

Die Architektur beruht auf dem Mitarbeiterberater. Er betreut eine Anzahl von Mitarbeiter und ist normalerweise im Personalwesen angesiedelt. Der Mitarbeiter kann die Leistung elektronisch anfordern oder direkt über seinen Mitarbeiterberater. Beide Kanäle sind Teil der Architektur.

Resultate und Diskussion

Anwendbarkeit

Der bei der EKI angewandte Ansatz für die elektronische Kundenbeziehung kann auf jeden 'Stakeholder' angewandt werden. Auf die gleiche Art könnte beispielsweise eine elektronische Aktionärsbeziehung aufgebaut werden.

Effizienz der Mitarbeiter

Mittels der EMI kann die Effizienz der Mitarbeiter stark verbessert werden. Sie können sich vermehrt auf ihre Kerntätigkeiten konzentrieren.

Flexibles Wissen

Die Firma kann administrative Abläufe schnell und effizient ändern, da das Wissen über die administrativen Abläufe nicht bei den Mitarbeitern liegt. Bild 7.5 zeigt den Mitarbeiter X, der einen schlechten Zugriff auf das zentrale, administrative Wissen der Firma hat. Folglich braucht er bei sich viel administratives Wissen (Wissen auf Vorrat). Mitarbeiter Y hat guten Zugriff auf das zentrale, administrative Wissen. Er ist in der Lage, das Wissen bei Bedarf abzurufen. Daher braucht er nur wenig administratives Wissen bei sich. Dies hat den Vorteil, dass Änderungen im zentralen, administrativen Wissen auch beim Mitarbeiter unmittelbar erscheinen. Firmenwissen wird damit viel besser kontrollier- und steuerbar. Das Wissen wird damit zentral gepflegt (strategisch) und dezentral benutzt (operativ).

Bild 7.5: Wissen auf Vorrat und auf Bedarf

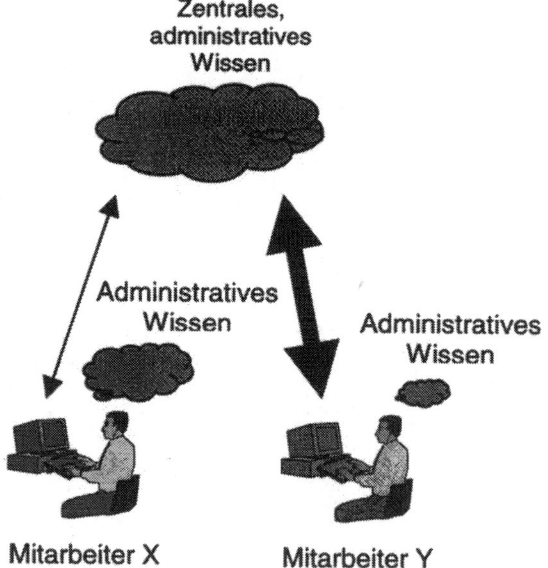

Zur Situation des Lesers

- Beschreiben Sie, wie die EMI in Ihrer Firma aussehen könnte.
- Welcher Nutzen könnte erreicht werden?

8 Die Zeit ist reif

Die Zeit ist reif für die elektronische Kunden- und Mitarbeiterintegration, da der Markt drängt, die Technologie verfügbar ist, die Investitionen gebündelt werden sollten, und ein beträchtlicher Nutzen zu erwarten ist.

Der Markt

Der Markt verlangt nach einer elektronischen Kundenintegration aufgrund der weiter fortschreitenden Globalisierung, dem Zwang zur verstärkten und individuelleren Kundenbeziehung, dem Druck zur höheren Automatisierung und aufgrund der schnellen Veränderungen.

Die Globalisierung führt zu Produkten, die global produziert und benutzt (konsumiert) werden können. Folglich sollten sie auch überall und zu jeder Zeit angeboten, geliefert und unterstützt werden können.

Der Zwang zur verstärkten und individuelleren Kundenbeziehung verlangt vom Anbieter einen Ausbau seiner Kundenbeziehungskanäle. Zudem muss der Anbieter fähig sein, seine Kunden zu identifizieren, anzusprechen und zu verstehen.

Der Druck zur höheren Automatisierung ist einerseits durch erhöhte Konkurrenz und andrerseits durch erhöhte Leistungsforderungen seitens des Kunden begründet. Der Anbieter muss zunehmend mehr Verkaufs-, Beratungs- und Supportleistung erbringen.

Die Veränderungen des Marktes werden immer schneller. Neue Bedürfnisse erscheinen in kurzer Folge. Dabei ist nur noch derjenige, der sich neuen Gegebenheiten schnell anpassen und diese auch ausnutzen kann. Insbesondere müssen Firmen fähig sein, ihr Wissen und ihre Informationen auf die neuen Gegebenheiten schnell auszurichten und Kunden sowie Mitarbeitern rasch nutzbar machen.

Die Technologie

Die Technologien sind verfügbar. Die Telekommunikationsfirmen haben, infolge der erhöhten weltweiten Liberalisierung, eine beachtliche Dynamik entwickelt, die einerseits die Kommunikationsleistungen und andrerseits die Vernetzung von Firmen und Haushaltungen schnell wachsen lässt. Die Computerleistungen nehmen bei gleichbleibenden Preisen konstant zu und erlauben immer komplexere Informationsverarbeitungen. Permanent kommen neue Geräte auf den Markt, mit denen von überall und zu jederzeit Information abgerufen werden kann.

Die Investition

Die Investitionen müssen gebündelt werden. Eine Investition muss allen Kundenbeziehungskanälen Nutzen bringen. Es darf nicht alternativ in den persönlichen oder in den elektronischen Kundenbeziehungs-Prozess investiert werden, sondern koordiniert in beide zusammen.

Die vorgeschlagene Lösung

Durch die Fokusierung auf den Kundenberater wird diese Investition gleichzeitig zu einer Investition in alle Kundenbeziehungskanäle. Der Kundenberater erhält nicht nur einen weiteren, elektronischen Kundenkanal zur Verfügung, sondern er wird auch autonomer, effizienter und kompetenter bei seinen anderen Kundenbeziehungskanälen.

Durch die Fokusierung auf die Strukturierung und Automatisierung des Wissens investiert man in einen technologieunabhängigen Bereich, für den die sich dauernd verändernde, darunterliegende Technologie nur von zweitrangiger Bedeutung ist. Konkret heisst das folgendes: Ist das Wissen mit einer Technologie automatisiert - was die wesentliche Herausforderung darstellt -, so ist der Wechsel in eine andere, neuere Technologie einfach realisierbar.

Mit der EKI investiert damit die Firma primär in ihr Kerngeschäft und nicht in die Technologie.

Nutzen und Markterfordernisse

Die elektronische Kundenintegration ist nicht nur eine Frage des Nutzens, sondern auch der Anpassung an die Erfordernisse des Marktes. Firmen, die die elektronische Kundenbeziehung nicht nutzen, könnten schnell den Markterfordernissen nicht mehr länger genügen und ins Abseits geraten

Potential

Die EKI setzt sich zum Ziel, die gesamte Kundenbeziehung bestehend aus Marketing, Beratung&Verkauf, Leistungserbringung, Support und Kommunikation abzudecken. Dieser Ansatz sieht diese Bereiche als Aspekte einer gesamtheitlichen Kundenbeziehung an, die zueinander in einer synergetischen Beziehung stehen. Beispielsweise profitiert das kundendaten-getriebene Marketing von den elektronisch gespeicherten Kundenanliegen, die einbezogen werden, um dem Kunden proaktiv neue Leistungen vorzuschlagen.

Industrialisierung der Information

Diese Entwicklung führt uns zur 'Industrialisierung' der Information. Information – wie auch früher die Ware – war an den Menschen gebunden; nur der Mensch konnte Information und Ware produzieren. Mit der Industrialisierung der Produktion von Ware – Maschinen produzieren Ware – entstanden diskrete Produkte; dies im Unterschied zu den vorher manuell fabrizierten Produkten, die ein Kontinuum bildeten. Heute stören sich die wenigsten Menschen daran, dass die Waren zum grössten Teilen von Maschinen produziert werden und dadurch diskret und standardisiert sind. Denn die Industrialisierung der Warenproduktion war der einzige Weg, unser Bedürfnis nach immer mehr Produkten zu befriedigen. Analog verhält es sich mit der Information. Der zunehmende Informationsbedarf kann nur über eine Industrialisierung der Produktion von Information abgefangen werden. Unsere Informationsbedürfnisse werden zunehmend von künstlichen Agenten (Informations-Maschinen) befriedigt werden. Es wird eine für alle in zukunft selbstverständliche Koexistenz zwischen maschinell und menschlich produzierter Information gebe, wie wir das auch bei den Waren gewohnt sind.

Die Zeit drängt !

Die Zeit drängt, da der Aufbau der elektronischen Kundenbeziehungs-Kompetenz einen geistigen und kulturellen Prozess einer Firma bedingt, der nicht von einem Tage auf den anderen durchgeführt werden kann. Er setzt Kompetenz vor Ort voraus; deshalb kann die elektronische Kundenintegration (und Mitarbeiterintegration) nicht einfach nur mit Geld eingekauft werden.

"Die Grossen fressen (schlucken) nicht die Kleinen, sondern die Schnellen die Langsamen" soll als Schluss zum Nachdenken mitgegeben werden.

Anhang A: Glossar

Der Zweck des Glossars ist, gewisse in diesem Buch vorkommende Begriffe weiter zu erklären, insbesondere wenn der Begriffsinhalt im Kontext des Buches einen teilweise erweiterten Inhalt erhalten hat.

Agent	Der Agent ist das aktive Element in der Kundenintegration. Seine wichtigen Charakteristiken sind zu wirken, sowie autonom und aktiv zu sein.
Baukredit	siehe Hypothek
Beschwerde	'Beschwerde' und 'Problem' sind zwei Arten von Anliegen. Wir unterscheiden zwischen ihnen, indem bei einer Beschwerde versucht wird, den Schaden in Grenzen zu halten, während bei einem Problem versucht wird, es zu beheben.
Elektronisch	Der Begriff 'elektronisch' wird im Zusammenhang mit Information gebraucht, die auf einem elektronischen Träger basiert. Oft wird in der Literatur auch der Begriff 'virtuell' benutzt.
Hilfsleistung	siehe Leistung
Hypothek	Hypothek und Baukredit sind eng verwandt. Für die Bauphase erhält der Kunde einen Baukredit. Darauf wird der Baukredit in einen Hypothekarkredit umgewandelt.
Information	Nach unserer Definition besteht eine Information aus Daten, die in einer Form sind, dass sie benutzt werden können.
Leistung	Jede (Re)aktion einer Firma nach aussen wird als Leistung bezeichnet. Die Gesamtheit aller Leistungen macht das Wirken einer Firma nach aussen aus. Es gibt Leistungen, Produktleistungen genannt, die ertragsrelevant sind und auf den Produkten der Firma basieren. Alle anderen Leistungen begleiten die Produktleistungen und werden als Hilfsleistungen bezeichnet.
Leistungskette	Die Leistungskette erzeugt eine Leistung. Sie ist ein gerichtetes Netz bestehend aus Prozessen, die durch Leistungen verbunden sind. Oft wird das, was wir als Leistungskette bezeichnen, Prozess genannt.
Ontologie	Die Ontologie kann als Netz von Begriffen gesehen werden. Begriffe, die miteinander verschiedene Arten von Beziehungen haben, und die auch selber beschrieben sind.
Problem	siehe Beschwerde
Produktleistung	siehe Leistung

Prozess	Der Begriff Prozess hat hier eine spezielle Bedeutung, indem er eine Arbeitsgruppe bezeichnet, die Leistungen produziert (siehe auch Leistungskette)
Wissen	Wissen ist eine Information, die gebraucht wird, um eine Verarbeitung zu steuern. Es ist Information in dieser Rolle.
Virtuell	siehe Elektronisch

Anhang B: Literaturverzeichnis

[1] Carr, David K., Johansson, Henry J., (1995), "Best Practices in Reengineering: What Works and What Doesn't in the Reengineering Process", McGraw-Hill, Inc., New York.

[2] Davenport, Thomas H., (1993), "Process Innovation: Reengineering Work through Information Technology", Boston: Harvard Business School Press.

[3] Demarest, Marc, Understanding Knowledge Management, Long Range Planning, Vol. 30, No. 3, pp. 374-384, 1997.

[4] Dutta, Soumittra, Kwan, Stephen K., and Segev Arie, Strategic Marketing and Customer Relationship in Electronic Commerce, in Proceedings of the Fourth Conference of the International Society for Decision Support Systems, Lausanne, Switzerland, July 21-22, 1997. Editor: University of Lausanne, HEC, Switzerland.

[5] Hammer, Michael and Stanton, Steve A., (1995), "The Reengineering Revolution", HarperBusiness.

[6] Hammer, Michael, (1996*), Beyond Reengineering: How the Process-Centered Organization is Changing our Work and our Lives*, HarperBusiness, A Division of HarperCollins Publishers, New York, NY.

[7] Kalakota, Ravi, and Whinston, Andrew B., (1996), Frontiers of Electronic Commerce, Addison-Wesley Publishing Company, Reading, MA.

[8] McKenna, Regis, Marketing is Everything, Harvard Business Review, January February, 1991.

[9] McKenna, Regis, (1991), Relationship Marketing: Successful Strategies for the Age of the Customer, Addison-Wesley Publishing Company, Reading, MA.

[10] O'Hare G.M.P., and Jennings N. R., eds, (1996), "Foundations of Distributed Artificial Intelligence", John Wiley & Sons, New York, NY.

[11] Probst, Gilbert, Raub, Steffen, Romhardt, Kai, (1997), Wissen Management: wie Unternehmen ihre wertvollste Ressource optimal nutzen, Betriebwirtschaftlicher Verlag Dr. Th. Gabler GmbH, Wiesbaden.

[12] Warnecke, Hans-Jürgen, (1993), "Revolution der Unternehmenskultur: Das Fraktale Unternehmen"; Springer-Verlag (in german).

[13] Warnecke, Hans-Jürgen, (1995), "Aufbruch zum Fraktalen Unternehmen: Praxisbeispiele für neues Denken und Handeln "; Springer-Verlag (in german).

[14] Wenger, Dieter, and Probst, André R., Financial Information Engineering Based on Intelligent Agents , in Proceeding of the First International Conference on the "Practical Application of Intelligent Agents and Multi-Agent Technology", PAAM96, London, 22nd-24th April 1996, published by PAP, the Practical Application Company Ltd, Blacpool, UK, pp.669-691.

[15] Wenger, Dieter, and Probst, André R., Adding Value with Intelligent Agents in Financial Services, in Proceeding of the Conference on "Real-World Applications of Intelligent Agent Technology: Agents in Finance and Commerce", London, 11-13 June 1996, published by Unicom. pp. 195-221.

[16] Wenger, Dieter, and Probst, André R., Synthesizing Business and Information Systems: Towards a common Business-IS Model based on Agents, in: Proceedings of the WI'97 Business Informatics 1997 Conference, (3. Internationale Tagung Wirtschaftsinformatik 1997) TU Berlin, Germany, 26- 28 Feb. 1997.

[17] Winslow, C. D., and Bramer,, W. L., (1994), FutureWork: Putting Knowledge to Work in the Kowledge Economy, The Free Press, New York.

[18] Wooldridge, M., and Jenning, N.R., eds, "Journal of Applied Artificial Intelligence: Special Issue on Intelligent Agents, 1995

Anhang C: Bibliographie

Bancel-Charensol, Laurence, Jougleux, Muriel, Un modèle d'analyse des systèmes de production dans les services, *Revue Française de Gestion*, Mars-Avril-Mai 1997, pp.71-81.

Blattberg, Robert C., Glazer, Rashi, and Little, John. D. C., (eds.), (1994), *The Marketing Information revolution*, Harvard Business school Press, Boston, MA.

Christopher, M., Payne, A., and Ballantyne, D., (1991), *Relationship Marketing*, Butterworth-Heinemann, Oxford.

Demarest, Marc, Understanding Knowledge Management, *Long Range Planning*, Vol. 30, No. 3, pp. 374-384, 1997.

Dibb, Sally, (1997), How Marketing Planning Builds Internal Networks, *Long Range Planning*, Vol. 30, No. 1, pp. 53-63, 1997.

Dutta, Soumittra, Kwan, Stephen K., and Segev Arie, Strategic Marketing and Customer Relationship in Electronic Commerce, in *Proceedings of the Fourth Conference of the International Society for Decision Support Systems*, Lausanne, Switzerland, July 21-22, 1997. Editor: University of Lausanne, HEC, Switzerland.

Edvinsson, Leif, Developing Intellectual Capital at Skandia, *Long Range Planning*, Vol 30, No. 3, pp336-373, 1997.

Furrer, Olivier, Le rôle stratégique des <<services autour des produits>>, *Revue Française de Gestion*, Mars-Avril-Mai 1997, pp. 98-108.

Hagel III, John, and Armstrong, Arthur G., (1997), *Net Gain: expanding markets through virtual communities*, Harvard Business School Press, Boston, MA

Hammer, Michael, (1996*), Beyond Reengineering: How the Process-Centered Organization is Changing our Work and our Lives*, HarperBusiness, A Division of HarperCollins Publishers, New York, NY.

Heskett, James L., Sasser Jr., W. Earl, and Schlesinger, Leonard A., (1997), *The Service Profit Chain*, The Free Press, New York, NY.

Jelassi, Tawfik, (1994), *Computing through Information Technology: Strategy and Implementation*, Prentice Hall International (UK), Hemel Hempstead.

McKenna, Regis, (1997), *Real Time: Preparing for the Age of the Never Satisfied Customer*, Harvard Business School Press, Boston, MA.

McKenna, Regis, Marketing is Everything, *Harvard Business Review*, January February, 1991.

McKenna, Regis, (1991), *Relationship Marketing: Successful Strategies for the Age of the Customer*, Addison-Wesley Publishing Company, Reading, MA.

Kalakota, Ravi, and Whinston, Andrew B., (1996), *Frontiers of Electronic Commerce*, Addison-Wesley Publishing Company, Reading, MA.

Klein, S., Pigneur, Y., and Schid, B., Electronic Markets in Switzerland, *Swiss Science Council*, no. 16/1996.

Kotler,P., (1996), *Marketing Management: Analysis, Planning, Implementation, and Control*, 9th ed., Prentice Hall.

Lampel, Joseph and Mintzberg, Henry, Customizing customization, *Sloan Management Review*/Fall 1996, pp. 57-68.

MacMillan, Ian C., Gunther McGrath, Rita, Discovering New Points of differentiation", *Harvard Business Review*, July-August 1997, pp. 133- 145.

Morgan, R. M., and Hunt, S. D., The Commitment-Trust Theory of Relationship Marketing *Journal of Marketing*, 58, pp. 20-38, 1994.

Peppers, Don, and Rogers, Martha, (1993), The One to One Future: Building Relationships One Customer at a Time, Currency Doubleday, New York, NY.

Probst, André R., Bitschnau, Jean.-François, Griese, Joachim, and Suter, Benno,(1997), VEGA*: Co-operating Support Systems for Virtual Enterprises, to appear in: *Proceedings of the IFIP WG 5.7 Working Conference "Organizing the Extended Enterprise"*, Ascona Switzerland, 15th - 18th September 1997.

Probst, André R., and Wenger, Dieter, Reconciling Business Process reengineering and Information System Design, *in Proceedings of the COST4 Workshop on " Assessing Business Process Redesign and its IT Implications "*, EPFL, Lausanne, Switzerland, May 2-3, 1996.

Probst, André R., and Wenger, Dieter, Improving Enterprise Leadership Capabilities: An Agent based Business Service Modeling Approach, in *Proceedings of the NBPR'96 Conference*, Washington, September 16-19, 1996, pp. 535-557.

Probst, Gilbert, Raub, Steffen, Romhardt, Kai, (1997), *Wissen Management: wie Unternehmen ihre wertvollste Ressource optimal nutzen*, Betriebwirtschaftlicher Verlag Dr. Th. Gabler GmbH, Wiesbaden.

Stone, Merlin, Woodcock, Neil, and Wilson, Muriel, Managing the Change from Marketing Planning to Customer Relationship Management, *Long Range Planning*, Vol. 29, No5, pp. 675-683, 1996.

Schmid, B., Dratva, R., Kuhn, C., Mausberg, P., Meli, H. & Zimmermann, H.-D., (1995), *Electronic Mall: Banking und Shopping in globalen Netzen*, Teubner, Stuttgart.

Vandermerwe, Sandra, (1996), *The Eleventh Commandment: Transforming to "own" Customers*, John Wiley & Sons Ltd, Chichester, England.

Vandermerwe, Sandra, (1994), *From Tin Soldiers to Russian Dolls: Creating Added Value Through Services*, Butterworth-Heinemann, Oxford.

Warnecke, Hans-Jürgen, (1993), *Revolution der Unternehmenskultur: das Fraktale Unternehmen*, Springer-Verlag, Heidelberg.

Warnecke, Hans-Jürgen, (1995), *Aufbruch zum Fraktalen Unternehmen: Praxisbeispiele für ein neues Denken und Handeln*, Springer-Verlag, Heidelberg.

Wayland, Robert E. and Cole, Paul M., (1997), *Customer Connections: New Strategies for Growth*, Harvard Business School Press, Boston, MA.

Wenger, Dieter, and Probst, André R., Financial Information Engineering Based on Intelligent Agents , in *Proceeding of the First International Conference on the "Practical Application of Intelligent Agents and Multi-Agent Technology"*, PAAM96, London, 22nd-24th April 1996, published by PAP, the Practical Application Company Ltd, Blacpool, UK, pp.669-691.

Wenger, Dieter, and Probst, André R., Adding Value with Intelligent Agents in Financial Services, in *Proceeding of the Conference on "Real-World Applications of Intelligent Agent Technology: Agents in Finance and Commerce"*, London, 11-13 June 1996, published by Unicom. pp. 195-221.

Wenger, Dieter, and Probst, André R., Synthesizing Business and Information Systems: Towards a common Business-IS Model based on Agents, in: *Proceedings of the WI'97 Business Informatics 1997 Conference, (3. Internationale Tagung Wirtschaftsinformatik 1997)* TU Berlin, Germany, 26- 28 Feb. 1997.

Winslow, C. D., and Bramer,, W. L., (1994), *FutureWork: Putting Knowledge to Work in the Kowledge Economy*, The Free Press, New York.

Sachwortverzeichnis

K

L

M

N

O

P

S

SPRINGER NATURE

GPSR Compliance

The European Union's (EU) General Product Safety Regulation (GPSR) is a set of rules that requires consumer products to be safe and our obligations to ensure this.

If you have any concerns about our products, you can contact us on ProductSafety@springernature.com

In case Publisher is established outside the EU, the EU authorized representative is:

Springer Nature Customer Service Center GmbH
Europaplatz 3
69115 Heidelberg, Germany

Zeitfracht Medien GmbH
Ferdinand-Jühlke-Straße 7
99095 Erfurt, Deutschland
produktsicherheit@kolibri360.de